Vektordifferentiation Und Vektorintegration

Victor Fischer

Druck von Metzger & Wittig in Leipzig.

Vorwort.

Die vorliegende Arbeit ist dadurch entstanden, daß ich versuchte, mir für einige Operationen der Differential- und Integralrechnung in der Vektoranalysis ein geometrisches Bild zu verschaffen. Dabei wurde ich zunächst auf die Untersuchung des Differentialquotienten eines Vektors nach einem anderen Vektor geführt. Aus dieser ergab sich eine allgemeinere Auffassung des Differentialquotienten. Die erhaltenen Ausdrücke ließen sich auch durch einfache geometrische Konstruktionen bestimmen und erhielten bei der Anwendung auf physikalische Beispiele eine klare Bedeutung.

Ferner erwiesen sich die bereits von Gibbs verwendeten geometrischen Produkte und Produktsummen (dyads und dyadics) als notwendig für die Weiterführung der Feldertheorie. Insbesondere wurde das Ellipsoidfeld behandelt, das sich als direkte Verallgemeinerung des Vektorfeldes ergab, und es wurde auf seine physikalische Anwendung hingewiesen.

In der Integralrechnung ergab es sich, um das Wesen des Stokesschen und Gaussschen Satzes klarer zu erkennen, den Begriff der Funktion allgemeiner zu fassen und zwischen veränderlichen und konstanten Funktionen zu unterscheiden. Es folgte daraus eine einfache Variationsregel, um von einem Integral zu dem nächsthöheren zu gelangen. Auch diese Auffassung erhielt eine weitere Bestätigung bei ihrer Anwendung auf die Physik.

Wenn die Schrift auch im allgemeinen ein abgeschlossenes Ganzes bildet, so ist damit das Thema nicht erschöpft, sondern dürfte sowohl Anregungen zur Weiterführung als auch zur Verwendung für physikalische Probleme enthalten.

Da ich mich auf einem neuen Wege befand, so war es notwendig, neue Bezeichnungen einzuführen, die ich womöglich den gebräuchlichen nachbildete. Es war dabei unvermeidlich, daß ich zwischen verschiedenen Möglichkeiten schwankte, und ich führte lieber für denselben Ausdruck mehrere Bezeichnungsarten ein, da die minder geeigneten ohnedies im Laufe der Zeit von selbst verschwinden werden.

Reiche Anregung oder richtiger gesagt die Grundlage zu dieser Schrift bot mir das Buch von Gibbs-Wilson über Vektoranalysis.

Stuttgart, im März 1904.

Victor Fischer.

Inhalt.

I.

Einleitung.

Der Zweck der vorliegenden Arbeit ist es, den Begriff des Differentialquotienten eines abhängig veränderlichen Vektors nach einem unabhängig veränderlichen Vektor zu untersuchen. Derselbe ist allgemeiner als derjenige des Differentialquotienten eines Vektors nach einem Skalar, und wir wollen ihn als geometrischen Differentialquotienten bezeichnen.

Neu ist dieser Begriff keineswegs, doch wurde seine Verwendbarkeit teils bedingt,[1] teils verneinend[2] ausgesprochen.

Ganz allgemein wurde die Differentiation einer extensiven Größe nach einer extensiven Größe von Grassmann behandelt.[3] Es wird aber wohl keine überflüssige Arbeit sein, wenn ich nun den speziellen Fall, daß die extensiven Größen Vektoren sind, in einer Weise ausarbeite, daß er sich unmittelbar für die Beschreibung physikalischer Erscheinungen verwenden läßt. Es wird sich übrigens aus den erhaltenen Ausdrücken zeigen, daß sich eine solche Verwendung von selbst ergibt, und das rechtfertigt die allgemeinere Auffassung des Differentialquotienten, zu der man dabei gelangt.

Was die Bezeichnung anbelangt, so werde ich diejenige von Gibbs[4] verwenden, und für skalare oder innere Produkte einen Punkt, und für vektorielle oder die Ergänzung von

---

[1]) Hamilton, Elemente der Quaternionen. Deutsch von Glan. Leipzig 1882. 1. Bd. S. 585.

[2]) Föppl, Einführung in die Maxwellsche Theorie der Elektrizität. Leipzig 1894. S. 35.

[3]) Grassmann, Gesammelte Werke. 1. Bd. 2. Tl. Leipzig 1896. S. 289. Differentialrechnung.

[4]) Gibbs-Wilson, Vektor-Analysis. New York und London 1901.

äußeren Produkten ein schiefes Kreuz verwenden. Die letzteren will ich, abweichend von Grassmann, kurz als äußere Produkte bezeichnen. Vektoren bezeichne ich nach Föppl durch fettgedruckte deutsche Buchstaben, ihre Zahlwerte durch lateinische Buchstaben. Einheitsvektoren erhalten eine Ziffer als Index.

Ferner möchte ich, bevor ich mit der eigentlichen Aufgabe beginne, noch auf einige Unterschiede in der Produktbildung bei Hamilton, Grassmann und Gibbs hinweisen.

Hamilton geht von dem Begriff des Quotienten zweier Vektoren $\mathfrak{a}$ und $\mathfrak{b}$ aus und leitet die Multiplikation als einen speziellen Fall der Division ab, während bei Grassmann die Multiplikation zuerst definiert wird, und die Division als spezieller Fall aus ihr folgt.

Nach Hamilton ist, wenn wir den Winkel zwischen den beiden Vektoren $\mathfrak{a}$ und $\mathfrak{b}$ mit φ und den zu beiden senkrechten Einheitsvektor mit $\mathfrak{c}_1$ bezeichnen,

$$\frac{\mathfrak{a}}{\mathfrak{b}} = \frac{a}{b}\cos\varphi + \frac{a}{b}\sin\varphi\,\mathfrak{c}_1 \tag{1'}$$

$$\mathfrak{a}\mathfrak{b} = \frac{\mathfrak{a}}{\frac{1}{\mathfrak{b}}} = -a\,b\cos\varphi + a\,b\sin\varphi\,\mathfrak{c}_1\,. \tag{2'}$$

Nach Grassmann ist:

$$[\mathfrak{a}|\mathfrak{b}] = a\,b\cos\varphi$$
$$[\mathfrak{a}\ \mathfrak{b}] = a\,b\sin\varphi,$$

und zwar sind dies zwei verschiedene Kategorien von Produkten.

In der Schreibweise von Gibbs erhalten wir:

$$\left.\begin{aligned}\mathfrak{a}\cdot\mathfrak{b} &= a\,b\cos\varphi\\ \mathfrak{a}\times\mathfrak{b} &= a\,b\sin\varphi\,\mathfrak{c}_1\end{aligned}\right\} \tag{1}$$

Wir dürfen aber die Summe dieser Produkte jetzt nicht gleich $\mathfrak{a}\mathfrak{b}$ setzen, da Gibbs unter $\mathfrak{a}\mathfrak{b}$, das er als Operationssymbol eine „dyad", und, als Produkt aufgefaßt, ein unbestimmtes Produkt nennt, etwas anderes versteht, als Hamilton unter der Quaternion $\mathfrak{a}\mathfrak{b}$.

Der Unterschied zwischen diesen beiden Begriffen ist der folgende: Zwei Quaternionen sind gleich, wenn ihre Vektoren in parallelen Ebenen liegen, ihre Winkel sowohl der Größe als auch der Richtung nach einander gleich sind, und das Verhältnis, bzw. das Produkt ihrer Längen dasselbe ist, ohne daß die einander entsprechenden Vektoren parallel zu sein brauchen. Zu ihrer Bestimmung genügen daher vier Stücke. Sie sind also durch die Summe aus einem entsprechenden Skalar und Vektor vollkommen bestimmt. Zwei dyads sind aber nur dann gleich, wenn auch die Richtungen ihrer Vektoren gleich sind. Zur Verhinderung der Drehung ist noch ein fixer Punkt, also ein fünftes Bestimmungsstück nötig, während $\mathfrak{a} \cdot \mathfrak{b} + \mathfrak{a} \times \mathfrak{b}$ nur vier Stücke enthält. Umgekehrt ist hingegen, wenn das unbestimmte Produkt $\mathfrak{a}\,\mathfrak{b}$ gegeben ist, auch $\mathfrak{a} \cdot \mathfrak{b}$ und $\mathfrak{a} \times \mathfrak{b}$ bestimmt.

Wir werden es hier nur mit Produkten der letzten Art zu tun haben; doch wollen wir dieselben lieber einfach als geometrische Produkte bezeichnen.

Ein Beispiel ist das geometrische Produkt $\mathfrak{P}\,d\mathfrak{s}$ aus Kraft $\mathfrak{P}$ und Wegelement $d\mathfrak{s}$. Das zugehörige innere geometrische Produkt ist dann die Arbeit $\mathfrak{P} \cdot d\mathfrak{s}$, das äußere geometrische Produkt ist $\mathfrak{P} \times d\mathfrak{s}$.[1])

Wir wollen nun für die Division, bzw. den geometrischen Quotienten festsetzen:

$$\left.\begin{aligned} \frac{\mathfrak{a}}{\mathfrak{b}} &= \mathfrak{a} : \mathfrak{b} = \mathfrak{a}\frac{1}{\mathfrak{b}} \\ \mathfrak{a} \cdot \frac{1}{\mathfrak{b}} &= \frac{a}{b}\cos\varphi \\ \mathfrak{a} \times \frac{1}{\mathfrak{b}} &= \frac{a}{b}\sin\varphi\,\mathfrak{c}_1 \end{aligned}\right\} \tag{2}$$

Es ergibt sich nun, wenn wir $\mathfrak{a} = \mathfrak{b} = \mathfrak{a}_1$ und $\varphi = 0$ setzen, aus (2')

$$\mathfrak{a}_1\,\mathfrak{a}_1 = \mathfrak{a}_1^{\,2} = -1 \tag{3'}$$

und aus (1)

$$\mathfrak{a}_1 \cdot \mathfrak{a}_1 = +1 \tag{3}$$

[1]) $\mathfrak{P} \times d\mathfrak{s}$ könnte man, abweichend von der üblichen Bedeutung des Wortes, als Zwang bezeichnen. Die Komponente von $\mathfrak{P}$ in die Richtung des Weges wäre dann die Arbeitskraft, die Komponente senkrecht dazu die Zwangskraft.

Ferner folgt aus (1') und (2')

$$\frac{\mathfrak{a}_1}{\mathfrak{a}_1} = -\,\mathfrak{a}_1\,\mathfrak{a}_1\,,$$

daher

$$\frac{1}{\mathfrak{a}_1} = -\,\mathfrak{a}_1 \tag{4'}$$

und aus (1) und (2)

$$\mathfrak{a}_1 \cdot \frac{1}{\mathfrak{a}_1} = \mathfrak{a}_1 \cdot \mathfrak{a}_1\,,$$

daher

$$\frac{1}{\mathfrak{a}_1} = \mathfrak{a}_1 \tag{4}$$

Es ist also in der Hamiltonschen Auffassung das Quadrat eines Einheitsvektors gleich der negativen Einheit, und der reziproke Wert eines Vektors hat die umgekehrte Richtung wie dieser selbst. Bei uns ist das innere Quadrat eines Einheitsvektors gleich der positiven Einheit, und der reziproke Wert eines Vektors hat die gleiche Richtung wie dieser selbst.

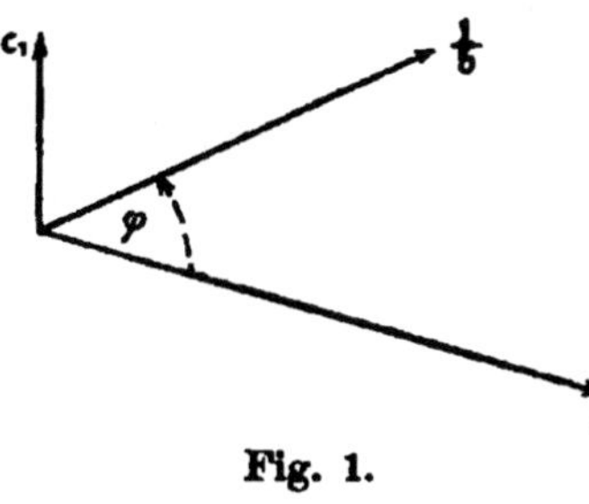

Fig. 1.

Bezüglich des Richtungsverhältnisses von $\mathfrak{a}/\mathfrak{b} = \mathfrak{a}\,1/\mathfrak{b}$ sei auf Fig. 1 verwiesen.

Den konjugierten Wert von $\mathfrak{a}\,1/\mathfrak{b}$ wollen wir durch einen Index kenntlich machen, indem wir für diesen schreiben:

$$\frac{1}{\mathfrak{b}}\,\mathfrak{a} = \frac{\mathfrak{a}}{\mathfrak{b}_c}\,.$$

Damit haben wir alle Bestimmungen getroffen, die für die späteren Ausführungen nötig sind.

Es ist zum Schlusse noch eine Bemerkung bezüglich des Begriffes Differential nötig. Es erscheint mir hier als sehr bezeichnend, daß sowohl Hamilton als auch Grassmann die Definition des Differentials als „unendlich kleine Größe" vermeiden. Hamilton erreicht dies durch Einführung einer beliebigen Zahl n, die er ∞ werden läßt, während Grassmann eine beliebige Zahl q gleich 0 werden läßt. Der Zusammenhang dieser beiden Grenzübergänge ist daher ausgedrückt durch $q = 1/n$.

Die Differentiale der abhängigen Veränderlichen erscheinen nun als Vielfache der Differentialquotienten.

Diese Auffassung hat viel für sich, schon darum, weil die Bezeichnung „unendlich kleine Größe“ besonders für den Anfänger leicht zu Mißverständnissen führt. Es kann sich dabei ja gar nicht um eine Größe handeln, sondern unendlich klein ist ebenso wie unendlich groß rein symbolisch aufzufassen. Das Differential dx einer Größe x in diesem Sinne ist also selbst gar keine Größe, sondern ein Symbol, und zwar das Symbol für die stetige Veränderlichkeit dieser Größe x.[1]) Die Bestimmung, daß dx kleiner wird als jede beliebig klein gedachte Zahl, ist nur eine Umschreibung dafür.

Wir wollen daher zur Unterscheidung die endlichen Differentiale im Hamilton-Grassmannschen Sinne mit D und die symbolischen Differentiale mit d bezeichnen.

II.

Vektordifferentiation.

Das Skalarfeld. — Wir betrachten der leichteren Darstellung halber zunächst das ebene Skalarfeld

$$V = f(\mathfrak{r}) = f(x, y),\text{[2])}$$

dann ist nach (4) der Differentialquotient von V für eine bestimmte Richtung $\mathfrak{r}_1$ (Fig. 2):

$$\lim \frac{\Delta V}{\Delta \mathfrak{r}} = \frac{\partial V}{\partial \mathfrak{r}} = \frac{\partial V}{\partial r}\mathfrak{r}_1,$$

wobei $\partial V/\partial r$ den skalaren Wert des Differentialquotienten bedeutet. Warum wir das Zeichen ∂ wählen, wird sich aus dem späteren ergeben.

Wir können auch schreiben:

$$\frac{\partial V}{\partial \mathfrak{r}} = \frac{\partial V}{\partial x}\frac{dx}{d\mathfrak{r}} + \frac{\partial V}{\partial y}\frac{dy}{d\mathfrak{r}} = \left(\frac{\partial V}{\partial x}\frac{dx}{dr} + \frac{\partial V}{\partial y}\frac{dy}{dr}\right)\mathfrak{r}_1. \qquad (5)$$

---

[1]) Die quantitative Auffassung der Differentialgleichung, also als einer Differenzengleichung, ist daher auch nur symbolisch. Sie gibt eigentlich nur ein Änderungsgesetz an.

[2]) V ist eine Größe, die Zahlwert und Lage besitzt.

Die geometrische Bedeutung von (5) ist aus Fig. 3 klar zu erkennen. $\partial V/\partial \mathfrak{r}$ erscheint als die Summe der Komponenten

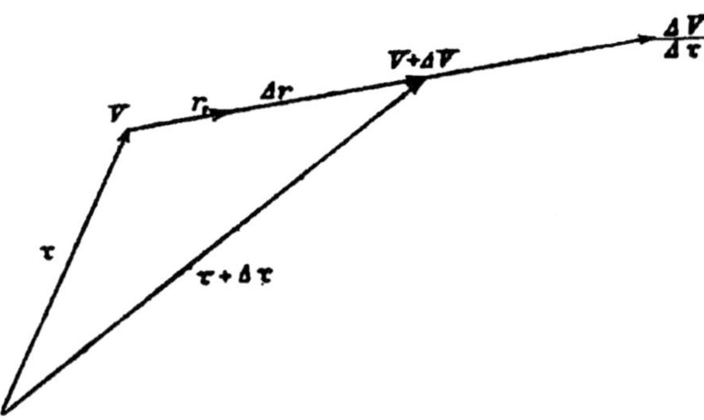

Fig. 2.

der partiellen Differentialquotienten $\partial V/\partial \mathfrak{x} = \partial V/\partial x\, \mathfrak{i}$ und $\partial V/\partial \mathfrak{y} = \partial V/\partial y\, \mathfrak{j}$ in der Richtung von $\mathfrak{r}_1$. Genau so würden wir für eine beliebige andere Richtung den zugehörigen Differentialquotienten erhalten. Wir erkennen aber auch aus der Fig. 3 sofort, daß für eine bestimmte Richtung der skalare Wert des Differentialquotienten ein Maximum wird. Diesen wollen wir als totalen Differentialquotienten mit $dV/d\mathfrak{r}$ bezeichnen. Für denselben gilt (siehe Fig. 3):

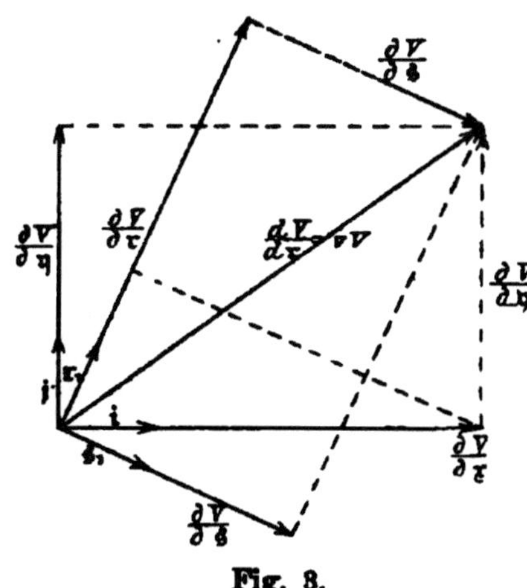
Fig. 3.

$$\frac{dV}{d\mathfrak{r}} = \frac{\partial V}{\partial \mathfrak{x}} + \frac{\partial V}{\partial \mathfrak{y}}, \qquad (6)$$

oder in der üblichen Schreibweise:

$$\frac{dV}{d\mathfrak{r}} = \frac{\partial V}{\partial x}\mathfrak{i} + \frac{\partial V}{\partial y}\mathfrak{j}.$$

Es ist daher

$$\frac{dV}{d\mathfrak{r}} = \nabla V$$

oder umgekehrt: ∇V ist der totale Differentialquotient von V nach $\mathfrak{r}$.

Wir erkennen auch aus Fig. 3, daß jeder beliebige andere Differentialquotient eine Komponente des totalen Differentialquotienten ist. Es ist also:

$$\left.\begin{aligned} \frac{\partial V}{\partial \mathfrak{r}} &= \left(\frac{dV}{d\mathfrak{r}} \cdot \mathfrak{r}_1\right) \mathfrak{r}_1 = \frac{dV}{dr} \cos\varphi\, \mathfrak{r}_1 \\ \frac{\partial V}{\partial r} &= \frac{dV}{d\mathfrak{r}} \cdot \mathfrak{r}_1 = \frac{dV}{dr} \cos\varphi \end{aligned}\right\} \tag{7}$$

Zu diesem Ergebnis können wir noch auf folgende Weise gelangen. Es ist

$$\frac{\partial V}{\partial r} = \frac{\partial V}{\partial x}\frac{dx}{dr} + \frac{\partial V}{\partial y}\frac{dy}{dr} = \frac{\partial V}{\partial x}\mathfrak{i}\cdot\mathfrak{r}_1 + \frac{\partial V}{\partial y}\mathfrak{j}\cdot\mathfrak{r}_1,$$

daher

$$\frac{\partial V}{\partial r} = \left(\frac{\partial V}{\partial x}\mathfrak{i} + \frac{\partial V}{\partial y}\mathfrak{j}\right)\cdot\mathfrak{r}_1 = \frac{dV}{d\mathfrak{r}}\cdot\mathfrak{r}_1 .$$

Die graphische Bestimmung der verschiedenen Differentialquotienten ist in Fig. 4 ersichtlich gemacht. Aus dieser

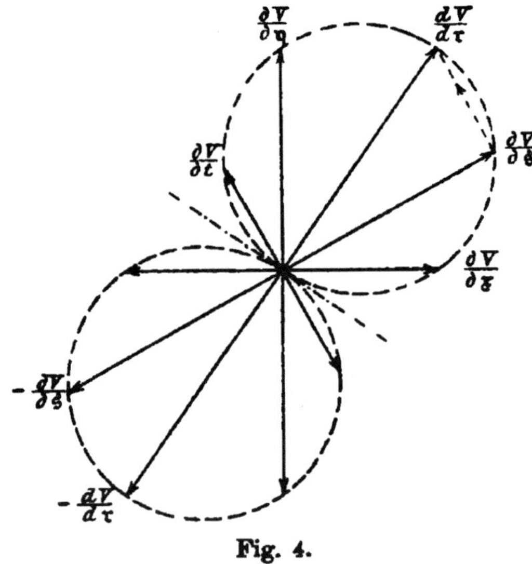

Fig. 4.

Figur folgt ohne weiteres, daß der totale Differentialquotient stets gleich ist der Summe zweier beliebiger anderer zueinander senkrecht stehenden Differentialquotienten. Sind ihre Richtungen $\mathfrak{s}_1$ und $\mathfrak{t}_1$, dann ist:

$$\frac{dV}{d\mathfrak{r}} = \frac{\partial V}{\partial \mathfrak{s}} + \frac{\partial V}{\partial \mathfrak{t}} = \frac{\partial V}{\partial \mathfrak{x}} + \frac{\partial V}{\partial \mathfrak{y}}.$$

Im Wesen ist also der Differentialquotient nach $\mathfrak{s}$ und $\mathfrak{x}$ nicht verschieden, weshalb wir den ersteren gleichfalls als partiellen Differentialquotienten bezeichnen. Wir können nun sagen: der totale Differentialquotient von V ist eine bloße Funktion von $\mathfrak{r}$, ein partieller Differentialquotient von V ist eine Komponente des totalen. Irgend eine Zweideutigkeit ist in dieser Bestimmung nicht enthalten.[1]

Was hier für das ebene Skalarfeld gesagt wurde, läßt sich ohne weiteres auf das räumliche Skalarfeld ausdehnen. Wir haben dann:

$$V = f(\mathfrak{r}) = f(x, y, z)$$

$$\frac{dV}{d\mathfrak{r}} = \frac{\partial V}{\partial \mathfrak{x}} + \frac{\partial V}{\partial \mathfrak{y}} + \frac{\partial V}{\partial \mathfrak{z}} = \frac{\partial V}{\partial \mathfrak{s}} + \frac{\partial V}{\partial \mathfrak{t}} + \frac{\partial V}{\partial \mathfrak{n}} \tag{6}$$

$$\frac{\partial V}{\partial s} = \frac{dV}{d\mathfrak{r}} \cdot \mathfrak{s}_1 \tag{7}$$

$$\frac{\partial V}{\partial \mathfrak{s}} = \frac{\partial V}{\partial x}\frac{dx}{d\mathfrak{s}} + \frac{\partial V}{\partial y}\frac{dy}{d\mathfrak{s}} + \frac{\partial V}{\partial z}\frac{dz}{d\mathfrak{s}}. \tag{5}$$

Die Darstellung (6) des Differentialquotienten eines Skalars nach einem Vektor durch drei zueinander senkrechte Komponenten desselben (partielle Differentialquotienten) erscheint nur als sinngemäße Verallgemeinerung des skalaren Differentialquotienten.[2] Sie ist auch begründet in seiner Bedeutung als Vektor.

Graphisch ist der Zusammenhang zwischen totalem und partiellen Differentialquotienten in jedem Punkte gegeben durch zwei sich berührende Kugeln. Der Durchmesser derselben bestimmt die Größe, die Verbindungslinie der Mittelpunkte die Richtung des totalen Differentialquotienten. Die zu dieser senkrechte Berührungsebene ist gleichzeitig Tangentialebene.

---

[1]) Wir können den totalen Differentialquotienten auch als speziellen Fall der partiellen Differentialquotienten auffassen. Es ist nämlich der partielle Differentialquotient in der Richtung senkrecht zu $\mathfrak{r}_1$ gleich 0, daher können wir schreiben:

$$\frac{dV}{d\mathfrak{r}} = \frac{\partial V}{\partial \mathfrak{r}} + 0.$$

[2]) Ähnlich verhält es sich auch mit dem Differentialquotienten eines Vektors nach einem Skalar.

an die Äquipotentialfläche. Die partiellen Differentialquotienten sind gegeben durch Sehnen, die vom Berührungspunkt ausgehen.

Selbstverständlich läßt sich auch jeder partielle Differentialquotient durch drei andere partielle Differentialquotienten, bzw. durch seine Komponenten in deren Richtungen ausdrücken. Es ist:

$$\frac{\partial V}{\partial \mathfrak{s}} = \left(\frac{\partial V}{\partial x}\frac{dx}{ds} + \frac{\partial V}{\partial y}\frac{dy}{ds} + \frac{\partial V}{\partial z}\frac{dz}{ds}\right)\mathfrak{s}_1 . \tag{5}$$

Nun ist

$$\mathfrak{s}_1 = \frac{dx}{ds}\mathfrak{i} + \frac{dy}{ds}\mathfrak{j} + \frac{dz}{ds}\mathfrak{k}.$$

Bezeichnen wir die Winkel, die $\mathfrak{s}_1$ mit $\mathfrak{i}\,\mathfrak{j}\,\mathfrak{k}$ einschließt, durch $\alpha\beta\gamma$, so können wir auch schreiben:

$$\mathfrak{s}_1 = \cos\alpha\,\mathfrak{i} + \cos\beta\,\mathfrak{j} + \cos\gamma\,\mathfrak{k}.$$

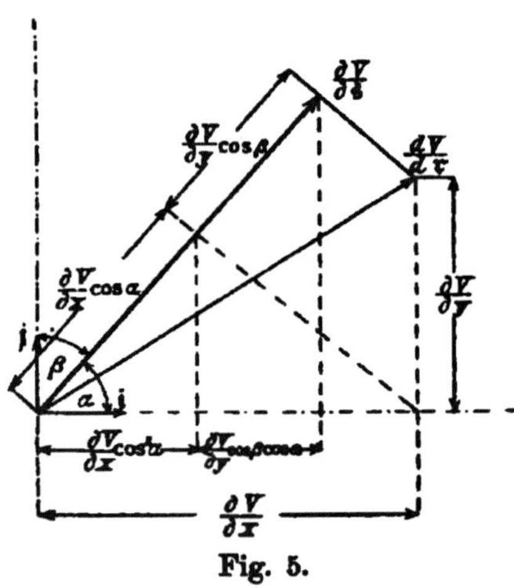

Fig. 5.

Führen wir diesen Wert in (5) ein, so folgt:

$$\frac{\partial V}{\partial \mathfrak{s}} = \left(\frac{\partial V}{\partial x}\cos\alpha + \frac{\partial V}{\partial y}\cos\beta + \frac{\partial V}{\partial z}\cos\gamma\right)(\cos\alpha\,\mathfrak{i} + \cos\beta\,\mathfrak{j} + \cos\gamma\,\mathfrak{k}).$$

Daraus erhalten wir durch Multiplikation:

$$\left.\begin{aligned}\frac{\partial V}{\partial \mathfrak{s}} = &\left(\frac{\partial V}{\partial x}\cos^2\alpha + \frac{\partial V}{\partial y}\cos\beta\cos\alpha + \frac{\partial V}{\partial z}\cos\gamma\cos\alpha\right)\mathfrak{i}\\ &+\left(\frac{\partial V}{\partial x}\cos\alpha\cos\beta + \frac{\partial V}{\partial y}\cos^2\beta + \frac{\partial V}{\partial z}\cos\gamma\cos\beta\right)\mathfrak{j}\\ &+\left(\frac{\partial V}{\partial x}\cos\alpha\cos\gamma + \frac{\partial V}{\partial y}\cos\beta\cos\gamma + \frac{\partial V}{\partial z}\cos^2\gamma\right)\mathfrak{k}\end{aligned}\right\} \tag{5'}$$

Graphisch wird dieser Zusammenhang durch Fig. 5 klar.

Die Differentiationsregeln für den Differentialquotienten einer skalaren Funktion nach einem Vektor gelten hier ebenso wie für skalare Differentialquotienten, da die Grenzübergänge die gleichen sind.

So ist z. B.:

$$\frac{\partial V^2}{\partial \mathfrak{s}} = \lim \frac{\Delta V^2}{\Delta \mathfrak{s}} = 2V\frac{\partial V}{\partial \mathfrak{s}}$$

und

$$\frac{dV^2}{d\mathfrak{r}} = 2V\frac{dV}{d\mathfrak{r}}.$$

Man erhält den partiellen Differentialquotienten aber auch aus dem totalen; denn es ist:

$$\frac{\partial V^2}{\partial s} = \frac{dV^2}{d\mathfrak{r}} \cdot \mathfrak{s}_1 = 2V\frac{dV}{d\mathfrak{r}} \cdot \mathfrak{s}_1 = 2V\frac{\partial V}{\partial s}.$$

Als zweites Beispiel diene:

$$\frac{d\sin V}{d\mathfrak{r}} = \cos V\frac{dV}{d\mathfrak{r}}$$

$$\frac{\partial \sin V}{\partial s} = \cos V\frac{\partial V}{\partial s}.$$

Zum Schlusse wählen wir noch zwei einfache bekannte Beispiele von Skalarfeldern, bei denen die Richtung des totalen Differentialquotienten sofort gegeben ist.

1) $$V = \frac{1}{r},$$

$$\frac{dV}{d\mathfrak{r}} = -\frac{1}{r^2}\mathfrak{r}_1,$$

daher

$$\frac{\partial V}{\partial \mathfrak{s}} = -\frac{1}{r^2}\cos\varphi\,\mathfrak{s}_1.$$

Bezeichnen wir die Komponente von $\mathfrak{r}$ in der Richtung $\mathfrak{s}_1$ mit $\mathfrak{s}$, so ist:

$$\frac{\partial V}{\partial \mathfrak{s}} = -\frac{1}{r^2}\frac{s}{r}\mathfrak{s}_1 = -\frac{s}{r^3}\mathfrak{s}_1.$$

2) $$V = \log r,$$

$$\frac{dV}{d\mathfrak{r}} = \frac{1}{r}\mathfrak{r}_1,$$

$$\frac{\partial V}{\partial s} = \frac{1}{r}\mathfrak{r}_1 \cdot \mathfrak{s}_1 = \frac{1}{r}\cos\varphi = \frac{s}{r^2}.$$

Das Vektorfeld. — Wir kommen jetzt zu dem wesentlicheren Teil dieser Arbeit, nämlich zu der Differentiation im Vektorfelde. Es sei also

$$\mathfrak{v} = f(\mathfrak{r})$$

oder in der skalaren Schreibweise:

$$v_x = f_x(x, y, z),$$
$$v_y = f_y(x, y, z),$$
$$v_z = f_z(x, y, z),$$
$$\mathfrak{v} = v_x \mathfrak{i} + v_y \mathfrak{j} + v_z \mathfrak{k}.$$

Den letzten Ausdruck können wir auch schreiben:

$$\mathfrak{v} = \mathfrak{v}_x + \mathfrak{v}_y + \mathfrak{v}_z.$$ [1]

Es kommt nun im Vektorfelde jedem Punkt ein bestimmter Vektor $\mathfrak{v}$ zu. Richtung und Größe der Vektoren $\mathfrak{v}$ ändert sich stetig von Punkt zu Punkt.[2]

Aus Fig. 6 ist die Bedeutung eines beliebigen Differenzenquotienten zu erkennen. Wir sehen, daß derselbe ein geometrischer Quotient ist und daher einen Skalar- und einen Vektorteil besitzt. Nach den in der Einleitung getroffenen Festsetzungen können wir schreiben:

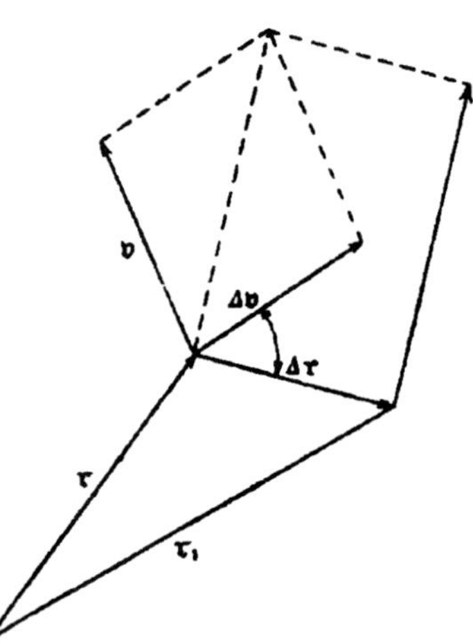

Fig. 6.

$$\frac{\Delta \mathfrak{v}}{\Delta \mathfrak{r}} = \Delta \mathfrak{v} \frac{1}{\Delta \mathfrak{r}},$$

$$\Delta \mathfrak{v} \cdot \frac{1}{\Delta \mathfrak{r}} = \sqrt{\frac{\Delta \mathfrak{v}}{\Delta r} \cdot \frac{\Delta \mathfrak{v}}{\Delta r}} \cos \varphi,$$

$$\Delta \mathfrak{v} \times \frac{1}{\Delta \mathfrak{r}} = \sqrt{\frac{\Delta \mathfrak{v}}{\Delta r} \cdot \frac{\Delta \mathfrak{v}}{\Delta r}} \sin \varphi \, \mathfrak{e}_1.$$

Da aber die Schreibweise der beiden letzten Ausdrücke um-

---

[1]) Dabei ist zu beachten, daß $\mathfrak{v}_x$, $\mathfrak{v}_y$, $\mathfrak{v}_z$ Vektoren mit konstanten Richtungen sind, z. B. ist $\mathfrak{v}_x$ ein Vektor mit der konstanten Richtung $\mathfrak{s}_1$.

[2]) Während V Zahlwert und Lage besaß, besitzt nun $\mathfrak{v}$ Zahlwert, Lage und Richtung.

ständlich ist, wollen wir sie durch die folgende einfachere ersetzen:

$$\Delta \mathfrak{v} \cdot \frac{1}{\Delta \mathfrak{r}} = \frac{\Delta \cdot \mathfrak{v}}{\Delta \mathfrak{r}},$$

$$\Delta \mathfrak{v} \times \frac{1}{\Delta \mathfrak{r}} = \frac{\Delta \times \mathfrak{v}}{\Delta \mathfrak{r}}.$$

Der Grenzwert des Differenzenquotienten ist der Differentialquotient von $\mathfrak{v}$ in dem betrachteten Punkte des Feldes, nach einer bestimmten Richtung $\mathfrak{r}_1$ genommen.

Es ist:

$$\lim \frac{\Delta \mathfrak{v}}{\Delta \mathfrak{r}} = \frac{\partial \mathfrak{v}}{\partial \mathfrak{r}}$$

$$\frac{\partial \cdot \mathfrak{v}}{\partial \mathfrak{r}} = \sqrt{\frac{\partial \mathfrak{v}}{\partial r} \cdot \frac{\partial \mathfrak{v}}{\partial r}} \cos \varphi \tag{8}$$

$$\frac{\partial \times \mathfrak{v}}{\partial \mathfrak{r}} = \sqrt{\frac{\partial \mathfrak{v}}{\partial r} \cdot \frac{\partial \mathfrak{v}}{\partial r}} \sin \varphi \, \mathfrak{c}_1 \, . \tag{9}$$

$\partial \mathfrak{v} / \partial \mathfrak{r}$ ist ein bestimmter endlicher geometrischer Quotient, der einen skalaren und vektoriellen Teil besitzt. Wir können uns denselben veranschaulichen, indem wir statt der symbolischen die endlichen Differentiale setzen. Es ist dann

$$\frac{\partial \mathfrak{v}}{\partial \mathfrak{r}} = \frac{D \mathfrak{v}}{D \mathfrak{r}},$$

wobei $D\mathfrak{r}$ ein Vektor von beliebiger Länge in irgend einer bestimmten Richtung und $D\mathfrak{v}$ ein von diesem abhängiger Vektor ist. Wählen wir $D\mathfrak{r}$ gleich dem Einheitsvektor $\mathfrak{r}_1$, so wird

$$\frac{\partial \mathfrak{v}}{\partial \mathfrak{r}} = \frac{D \mathfrak{v}}{\mathfrak{r}_1}.$$

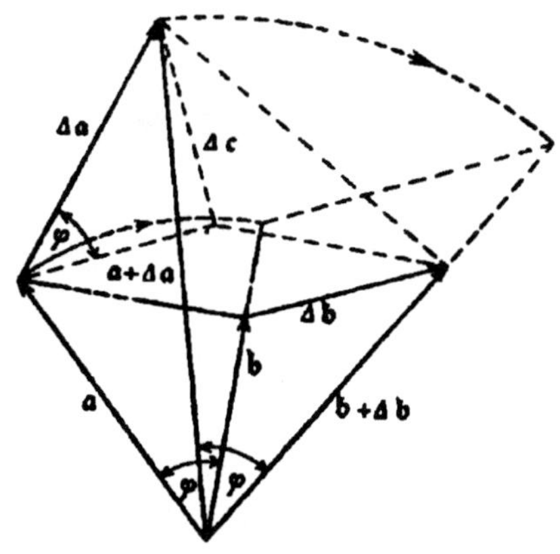

Fig. 7.

Hier sei auch eine geometrische Beziehung erwähnt, die für äußere und innere geometrische Differentialquotienten von Nutzen sein kann.

Es sei (Fig. 7) sowohl der Vektor $\mathfrak{a}$ als auch der Vektor $\mathfrak{a} + \Delta \mathfrak{a}$ unter demselben Winkel φ im Raume projiziert, dann erscheint auch die Differenz $\Delta \mathfrak{b}$ der Projektionen $\mathfrak{b}$ und

$\mathfrak{b} + \Delta\mathfrak{b}$ als die Projektion von $\Delta\mathfrak{a}$ unter dem gleichen Winkel φ.

Zum Beweis drehen wir $\mathfrak{a}$ und $\mathfrak{a} + \Delta\mathfrak{a}$ in die Richtung von $\mathfrak{b}$ und $\mathfrak{b} + \Delta\mathfrak{b}$, dann folgt aus der Ähnlichkeit der Dreiecke die Proportion:

$$a : \Delta a = b : \Delta b,$$

$$a : \Delta a = a\cos\varphi : \Delta b,$$

daher

$$\Delta b = \Delta a \cos\varphi .$$

Dasselbe gilt auch für die Projektion in der zu $\mathfrak{b}$ senkrechten Richtung. Es wird dann ebenso

$$\Delta c = \Delta a \sin\varphi .$$

Für jede Differentiationsrichtung $\mathfrak{r}_1$ läßt sich daher jeder Vektor $\mathfrak{v}$ so in zwei zueinander senkrechte Komponenten zerlegen, daß der Differentialquotient der einen Komponente nur einen skalaren, der der anderen Komponente nur einen vektoriellen Teil enthält, die beziehungsweise gleich sind dem skalaren und vektoriellen Teile von $\mathfrak{v}$.

Wir wollen nun die Beziehungen des geometrischen Differentialquotienten im Vektorfelde so entwickeln, daß sie sich unmittelbar als Verallgemeinerungen derjenigen im Skalarfelde ergeben. Es ist zunächst:

$$\frac{\partial \mathfrak{v}}{\partial \mathfrak{r}} = \frac{\partial (v_x \mathfrak{i} + v_y \mathfrak{j} + v_z \mathfrak{k})}{\partial \mathfrak{r}}$$

$$\frac{\partial \mathfrak{v}}{\partial \mathfrak{r}} = \mathfrak{i}\,\frac{\partial v_x}{\partial \mathfrak{r}} + \mathfrak{j}\,\frac{\partial v_y}{\partial \mathfrak{r}} + \mathfrak{k}\,\frac{\partial v_z}{\partial \mathfrak{r}} \tag{10}$$

Den letzten Ausdruck können wir auch schreiben:

$$\frac{\partial \mathfrak{v}}{\partial \mathfrak{r}} = \frac{\partial \mathfrak{v}_x}{\partial \mathfrak{r}} + \frac{\partial \mathfrak{v}_y}{\partial \mathfrak{r}} + \frac{\partial \mathfrak{v}_z}{\partial \mathfrak{r}} . \tag{10'}$$

oder

$$\frac{\partial \mathfrak{v}}{\partial r}\,\mathfrak{r}_1 = \left(\frac{\partial \mathfrak{v}_x}{\partial r} + \frac{\partial \mathfrak{v}_y}{\partial r} + \frac{\partial \mathfrak{v}_z}{\partial r}\right)\mathfrak{r}_1 . \tag{10''}$$

Ebenso wie im Skalarfelde zum Vektor $\partial V/\partial \mathfrak{r}$ der Skalar $\partial V/\partial r$ gehört, so gehört nun im Vektorfelde zum Quotienten $\partial \mathfrak{v}/\partial \mathfrak{r}$ der Vektor $\partial \mathfrak{v}/\partial r$.

Nach (10) ist der innere und äußere geometrische Differentialquotient gleich:

$$\left.\begin{aligned}\frac{\partial\cdot\mathfrak{v}}{\partial\mathfrak{r}} &= \frac{\partial\mathfrak{v}}{\partial r}\cdot\mathfrak{r}_1 = \frac{\partial\cdot\mathfrak{v}_x}{\partial\mathfrak{r}} + \frac{\partial\cdot\mathfrak{v}_y}{\partial\mathfrak{r}} + \frac{\partial\cdot\mathfrak{v}_z}{\partial\mathfrak{r}}\\ &= \frac{\partial v_x}{\partial r}(\mathfrak{i}\cdot\mathfrak{r}_1) + \frac{\partial v_y}{\partial r}(\mathfrak{j}\cdot\mathfrak{r}_1) + \frac{\partial v_z}{\partial r}(\mathfrak{k}\cdot\mathfrak{r}_1).\end{aligned}\right\} \tag{11}$$

$$\left.\begin{aligned}\frac{\partial\times\mathfrak{v}}{\partial\mathfrak{r}} &= \frac{\partial\mathfrak{v}}{\partial r}\times\mathfrak{r}_1 = \frac{\partial\times\mathfrak{v}_x}{\partial\mathfrak{r}} + \frac{\partial\times\mathfrak{v}_y}{\partial\mathfrak{r}} + \frac{\partial\times\mathfrak{v}_z}{\partial\mathfrak{r}}\\ &= \frac{\partial v_x}{\partial r}(\mathfrak{i}\times\mathfrak{r}_1) + \frac{\partial v_y}{\partial r}(\mathfrak{j}\times\mathfrak{r}_1) + \frac{\partial v_z}{\partial r}(\mathfrak{k}\times\mathfrak{r}_1).\end{aligned}\right\} \tag{12}$$

Ferner ist nach (10)

$$\frac{\partial\mathfrak{v}}{\partial r} = \mathfrak{i}\,\frac{\partial v_x}{\partial r} + \mathfrak{j}\,\frac{\partial v_y}{\partial r} + \mathfrak{k}\,\frac{\partial v_z}{\partial r}. \tag{13}$$

Nun ist aber nach (7)

$$\frac{\partial v_x}{\partial r} = \frac{d v_x}{d\mathfrak{r}_x}\cdot\mathfrak{r}_1,\quad \frac{\partial v_y}{\partial r} = \frac{d v_y}{d\mathfrak{r}_y}\cdot\mathfrak{r}_1,\quad \frac{\partial v_z}{\partial r} = \frac{d v_z}{d\mathfrak{r}_z}\cdot\mathfrak{r}_1.$$

Führen wir diese Beziehungen in (13) ein, so erhalten wir

$$\frac{\partial\mathfrak{v}}{\partial r} = \mathfrak{i}\,\frac{d v_x}{d\mathfrak{r}_x}\cdot\mathfrak{r}_1 + \mathfrak{j}\,\frac{d v_y}{d\mathfrak{r}_y}\cdot\mathfrak{r}_1 + \mathfrak{k}\,\frac{d v_z}{d\mathfrak{r}_z}\cdot\mathfrak{r}_1,$$

$$\frac{\partial\mathfrak{v}}{\partial r} = \left(\mathfrak{i}\,\frac{d v_x}{d\mathfrak{r}_x} + \mathfrak{j}\,\frac{d v_y}{d\mathfrak{r}_y} + \mathfrak{k}\,\frac{d v_z}{d\mathfrak{r}_z}\right)\cdot\mathfrak{r}_1. \tag{14}$$

Wir setzen nun

$$\mathfrak{i}\,\frac{d v_x}{d\mathfrak{r}_x} + \mathfrak{j}\,\frac{d v_y}{d\mathfrak{r}_y} + \mathfrak{k}\,\frac{d v_z}{d\mathfrak{r}_z} = \frac{d\mathfrak{v}}{d\mathfrak{r}}, \tag{15}$$

und nennen $d\mathfrak{v}/d\mathfrak{r}$ den totalen Differentialquotienten von $\mathfrak{v}$ nach $\mathfrak{r}$. Formal erscheint diese Bezeichnung vollkommen begründet, denn der Ausdruck (15) ist die unmittelbare Verallgemeinerung des totalen Differentialquotienten $dV/d\mathfrak{r}$ im Skalarfeld für das Vektorfeld. Zu beachten ist dabei, daß $d\mathfrak{v}/d\mathfrak{r}$ die Summe dreier geometrischer Quotienten bedeutet und selbst kein Quotient zweier bestimmten Vektoren ist,[1]) denn sonst müßten die drei geometrischen Quotienten links den gemeinsamen Nenner $d\mathfrak{r}$ haben. Das hieße aber

$$d\mathfrak{r}_x \parallel d\mathfrak{r}_y \parallel d\mathfrak{r}_z \parallel d\mathfrak{r}.$$

Zur Erfüllung dieser Bedingung müßten sich die Äquipotentialflächen von v_x, v_y und v_z in jedem Punkte des Feldes be-

---

[1]) Die eigentliche Bedeutung von $d\mathfrak{v}/d\mathfrak{r}$ wird später klarer hervortreten.

rühren, das heißt, sie müßten zusammenfallen, und dies müßte nicht nur für die Richtungen $\mathfrak{i}$, $\mathfrak{j}$, $\mathfrak{k}$, sondern auch für je drei beliebige andere zueinander senkrechte Richtungen gelten. Im allgemeinen Fall ist das unmöglich. Es kann nur in dem speziellen Fall geschehen, wenn sämtliche Vektoren im Felde nach einer bestimmten Richtung zueinander parallel sind. In diesem Sinne können wir daher auch schreiben:

$$\mathfrak{i}\frac{d v_x}{d \mathfrak{r}_x} = \frac{d \mathfrak{v}_x}{d \mathfrak{r}_x}.$$ [1]

$d\mathfrak{v}_x / d\mathfrak{r}_x$ ist dann der totale Differentialquotient der Komponente $\mathfrak{v}_x$. Der totale Differentialquotient $d\mathfrak{v}/d\mathfrak{r}$ ist demnach nach (15)

$$\frac{d \mathfrak{v}_x}{d \mathfrak{r}_x} + \frac{d \mathfrak{v}_y}{d \mathfrak{r}_y} + \frac{d \mathfrak{v}_z}{d \mathfrak{r}_z} = \frac{d \mathfrak{v}}{d \mathfrak{r}}. \tag{15'}$$

Die Indizes bei $d\mathfrak{r}$ können wir künftig weglassen, da ihre Richtungsverschiedenheit ohnedies bereits durch die Komponenten bestimmt ist, nach denen differenziert wird. Es ist dies auch in formaler Hinsicht von Vorteil. Wir schreiben also:

$$\frac{d \mathfrak{v}_x}{d \mathfrak{r}} + \frac{d \mathfrak{v}_y}{d \mathfrak{r}} + \frac{d \mathfrak{v}_z}{d \mathfrak{r}} = \frac{d \mathfrak{v}}{d \mathfrak{r}}. \tag{15'}$$

Hätten wir statt $\mathfrak{i}\,\mathfrak{j}\,\mathfrak{k}$ drei andere zueinander senkrechte Richtungen $\mathfrak{s}\,\mathfrak{t}\,\mathfrak{u}$ gewählt, so hätten wir ebenso erhalten:

$$\frac{d \mathfrak{v}_s}{d \mathfrak{r}} + \frac{d \mathfrak{v}_t}{d \mathfrak{r}} + \frac{d \mathfrak{v}_u}{d \mathfrak{r}} = \frac{d \mathfrak{v}}{d \mathfrak{r}}.$$

Der totale Differentialquotient von $\mathfrak{v}$ ist also gleich der Summe der totalen Differentialquotienten seiner Komponenten nach drei beliebigen zueinander senkrechten Richtungen.

In der üblichen Schreibweise ist

$$\frac{d v_x}{d \mathfrak{r}} = \nabla v_x, \quad \frac{d v_y}{d \mathfrak{r}} = \nabla v_y, \quad \frac{d v_z}{d \mathfrak{r}} = \nabla v_z$$

und, da $\mathfrak{i}$ konstant ist,

$$\mathfrak{i}\nabla v_x = \nabla (v_x \mathfrak{i}) = \nabla \mathfrak{v}_x.$$

---

[1] Zu diesem Ergebnis wären wir auch auf folgende Weise gelangt. $\mathfrak{i}$ ist konstant, daher ist

$$\mathfrak{i}\frac{d v_x}{d \mathfrak{r}_x} = \frac{d (v_x \mathfrak{i})}{d \mathfrak{r}_x} = \frac{d \mathfrak{v}_x}{d \mathfrak{r}_x}.$$

Daher ist

$$\mathfrak{i}\,\nabla v_x + \mathfrak{j}\,\nabla v_y + \mathfrak{k}\,\nabla v_z = \nabla(\mathfrak{v}_x + \mathfrak{v}_y + \mathfrak{v}_z) = \nabla\,\mathfrak{v}.$$

Es ist also nach (15)

$$\nabla\,\mathfrak{v} = \frac{d\,\mathfrak{v}}{d\,\mathfrak{r}}.$$

$\nabla\,\mathfrak{v}$ ist in der Bezeichnungsweise von Gibbs als die Summe dreier geometrischer Produkte eine „dyadic“ und keine einfache „dyad“. Nach unserer Bezeichnungsweise ist es kein einfacher geometrischer Quotient, sondern eine Quotientensumme. Hingegen ist $\partial\,\mathfrak{v}/\partial\,\mathfrak{r}$ ein einfacher geometrischer Quotient, und zwar erhalten wir für denselben nach (14) und (15) ganz analog wie im Skalarfeld

$$\left.\begin{aligned} \frac{\partial\,\mathfrak{v}}{\partial\,r} &= \frac{d\,\mathfrak{v}}{d\,\mathfrak{r}} \cdot \mathfrak{r}_1 \\ \frac{\partial\,\mathfrak{v}}{\partial\,\mathfrak{r}} &= \left(\frac{d\,\mathfrak{v}}{d\,\mathfrak{r}} \cdot \mathfrak{r}_1\right)\mathfrak{r}_1, \end{aligned}\right\} \qquad (16)$$

oder nach der üblichen Schreibweise

$$\frac{\partial\,\mathfrak{v}}{\partial\,r} = \nabla\,\mathfrak{v} \cdot \mathfrak{r}_1.$$

Für den skalaren und vektoriellen Teil von $d\mathfrak{v}/d\mathfrak{r}$ ergibt sich aus (15) und (15')

$$\left.\begin{aligned} \mathfrak{i} \cdot \frac{d\,v_x}{d\,\mathfrak{r}} + \mathfrak{j} \cdot \frac{d\,v_y}{d\,\mathfrak{r}} + \mathfrak{k} \cdot \frac{d\,v_z}{d\,\mathfrak{r}} &= \frac{d \cdot \mathfrak{v}}{d\,\mathfrak{r}} \\ \frac{d \cdot \mathfrak{v}_x}{d\,\mathfrak{r}} + \frac{d \cdot \mathfrak{v}_y}{d\,\mathfrak{r}} + \frac{d \cdot \mathfrak{v}_z}{d\,\mathfrak{r}} &= \frac{d \cdot \mathfrak{v}}{d\,\mathfrak{r}} \end{aligned}\right\} \qquad (17)$$

und

$$\left.\begin{aligned} \mathfrak{i} \times \frac{d\,v_x}{d\,\mathfrak{r}} + \mathfrak{j} \times \frac{d\,v_y}{d\,\mathfrak{r}} + \mathfrak{k} \times \frac{d\,v_z}{d\,\mathfrak{r}} &= \frac{d \times \mathfrak{v}}{d\,\mathfrak{r}} \\ \frac{d \times \mathfrak{v}_x}{d\,\mathfrak{r}} + \frac{d \times \mathfrak{v}_y}{d\,\mathfrak{r}} + \frac{d \times \mathfrak{v}_z}{d\,\mathfrak{r}} &= \frac{d \times \mathfrak{v}}{d\,\mathfrak{r}} \end{aligned}\right\} \qquad (18)$$

$d \cdot \mathfrak{v}/d\,\mathfrak{r}$ ist ein Skalar und $d \times \mathfrak{v}/d\,\mathfrak{r}$ ein axialer Vektor. Wir wollen den ersteren als den totalen inneren, den letzteren als den totalen äußeren Differentialquotienten von $\mathfrak{v}$ bezeichnen. $d \cdot \mathfrak{v}/d\,\mathfrak{r}$ erscheint als die Summe der totalen inneren, $d \times \mathfrak{v}/d\,\mathfrak{r}$ als die Summe der totalen äußeren Differentialquotienten der Komponenten von $\mathfrak{v}$. Auch bei $d \cdot \mathfrak{v}/d\,\mathfrak{r}$ und $d \times \mathfrak{v}/d\,\mathfrak{r}$ dürfen wir zum Unterschied von $\partial \cdot \mathfrak{v}/\partial\,\mathfrak{r}$ und $\partial \times \mathfrak{v}/\partial\,\mathfrak{r}$ an keine bestimmte Differentiationsrichtung denken.

In der Schreibweise von Gibbs erhalten wir

$$\mathfrak{i} \cdot \nabla v_x + \mathfrak{j} \cdot \nabla v_y + \mathfrak{k} \cdot \nabla v_z = \nabla \cdot \mathfrak{v},$$

$$\nabla \cdot \mathfrak{v}_x + \nabla \cdot \mathfrak{v}_y + \nabla \cdot \mathfrak{v}_z = \nabla \cdot \mathfrak{v}$$

und

$$\mathfrak{i} \times \nabla v_x + \mathfrak{j} \times \nabla v_y + \mathfrak{k} \times \nabla v_z = \nabla \times \mathfrak{v},$$

$$\nabla \times \mathfrak{v}_x + \nabla \times \mathfrak{v}_y + \nabla \times \mathfrak{v}_z = \nabla \times \mathfrak{v}.$$

In der üblichen Schreibweise ist

$$\frac{d \cdot \mathfrak{v}}{d\mathfrak{r}} = \nabla \cdot \mathfrak{v} = \operatorname{div} \mathfrak{v},$$

$$\frac{d \times \mathfrak{v}}{d\mathfrak{r}} = \nabla \times \mathfrak{v} = \operatorname{curl} \mathfrak{v}.$$

Wir wollen uns nun die Bedeutung der Gleichungen (10), (11), (12) und (13) auch graphisch klar machen. Zu diesem Zweck betrachten wir ein ebenes Feld. Es ist dann:

$$\frac{\partial \mathfrak{v}}{\partial r} = \frac{d\mathfrak{v}}{d\mathfrak{r}} \cdot \mathfrak{r}_1 = \mathfrak{i} \frac{dv_x}{d\mathfrak{r}} \cdot \mathfrak{r}_1 + \mathfrak{j} \frac{dv_y}{d\mathfrak{r}} \cdot \mathfrak{r}_1, \tag{16}$$

$$\frac{\partial \mathfrak{v}}{\partial r} = \mathfrak{i} \frac{\partial v_x}{\partial r} + \mathfrak{j} \frac{\partial v_y}{\partial r} \tag{13}$$

$$\frac{\partial \mathfrak{v}}{\partial \mathfrak{r}} = \mathfrak{i} \frac{\partial v_x}{\partial \mathfrak{r}} + \mathfrak{j} \frac{\partial v_y}{\partial \mathfrak{r}}, \tag{10}$$

$$\frac{\partial \cdot \mathfrak{v}}{\partial \mathfrak{r}} = \frac{\partial \mathfrak{v}}{\partial r} \cdot \mathfrak{r}_1 = \mathfrak{i} \cdot \frac{\partial v_x}{\partial \mathfrak{r}} + \mathfrak{j} \cdot \frac{\partial v_y}{\partial \mathfrak{r}}, \tag{11}$$

$$\frac{\partial \times \mathfrak{v}}{\partial \mathfrak{r}} = \frac{\partial \mathfrak{v}}{\partial r} \times \mathfrak{r}_1 = \mathfrak{i} \times \frac{\partial v_x}{\partial \mathfrak{r}} + \mathfrak{j} \times \frac{\partial v_y}{\partial \mathfrak{r}}. \tag{12}$$

In Fig. 8 sind die Verhältnisse dieser Gleichungen für einen beliebigen Punkt graphisch dargestellt.

Nach (11) und (12) muß in Fig. 8 auch die Beziehung gelten:

$$OA + OB = OC'$$

$$BB' - AA' = CC'.$$

Im zweiten Fall muß der Drehungssinn berücksichtigt werden.

Mit dem totalen Differentialquotienten $d\mathfrak{v}/d\mathfrak{r}$ sind also für jeden Punkt drei positive und drei negative Kugeln gegeben, deren Durchmesser gleich ist den totalen Differentialquotienten dreier Komponenten von $\mathfrak{v}$, und die sämtlich durch den betreffenden Punkt gehen. Den partiellen Differentialquotienten $\partial \mathfrak{v}/\partial \mathfrak{r}$ für eine beliebige Richtung $\mathfrak{r}_1$ finden wir, indem wir in dieser Richtung einen Strahl ziehen, der die positiven, bzw. negativen Kugeln im allgemeinen in drei Punkten schneidet, wodurch wir zunächst die partiellen Differentialquotienten der Komponenten von $\mathfrak{v}$ in der Richtung $\mathfrak{r}_1$ erhalten, deren skalare Werte wir in der Richtung der Komponenten selbst auftragen müssen. Ihre Summierung gibt dann $\partial \mathfrak{v}/\partial r$, wodurch auch $\partial \mathfrak{v}/\partial \mathfrak{r}$ bestimmt ist.

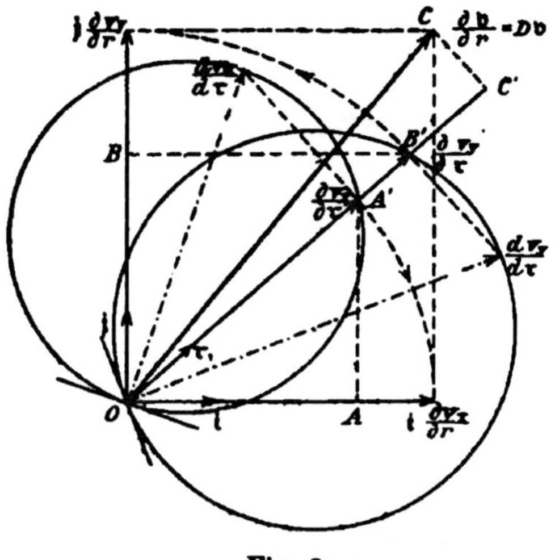

Fig. 8.

Wählen wir drei andere Komponenten, so lassen sich ihre totalen Differentialquotienten aus denen der zuerst angenommenen Komponenten konstruieren, und man erhält ein neues Kugelsystem, aus dem sich die partiellen Differentialquotienten in derselben Weise ergeben.

Für ein ebenes Feld erhalten wir nur vier Kugeln.

Wir wollen nun einen beliebigen partiellen Differentialquotienten durch die partiellen Differentialquotienten nach drei zueinander senkrecht gewählten Richtungen $\mathfrak{i}\,\mathfrak{j}\,\mathfrak{k}$ ausdrücken und zu diesem Zwecke auf Gleichung (10) zurückgehen. Es ist:

$$\frac{\partial \mathfrak{v}}{\partial \mathfrak{r}} = \mathfrak{i}\,\frac{\partial v_x}{\partial \mathfrak{r}} + \mathfrak{j}\,\frac{\partial v_y}{\partial \mathfrak{r}} + \mathfrak{k}\,\frac{\partial v_z}{\partial \mathfrak{r}}\,. \tag{10}$$

Nach (5) ist weiter

$$\begin{aligned}\frac{\partial \mathfrak{v}}{\partial \mathfrak{r}} = \mathfrak{i}\left(\frac{\partial v_x}{\partial x}\,\frac{dx}{d\mathfrak{r}} + \frac{\partial v_x}{\partial y}\,\frac{dy}{d\mathfrak{r}} + \frac{\partial v_x}{\partial z}\,\frac{dz}{d\mathfrak{r}}\right)\\ + \mathfrak{j}\left(\frac{\partial v_y}{\partial x}\,\frac{dx}{d\mathfrak{r}} + \frac{\partial v_y}{\partial y}\,\frac{dy}{d\mathfrak{r}} + \frac{\partial v_y}{\partial z}\,\frac{dz}{d\mathfrak{r}}\right)\\ + \mathfrak{k}\left(\frac{\partial v_z}{\partial x}\,\frac{dx}{d\mathfrak{r}} + \frac{\partial v_z}{\partial y}\,\frac{dy}{d\mathfrak{r}} + \frac{\partial v_z}{\partial z}\,\frac{dz}{d\mathfrak{r}}\right).\end{aligned}$$

Wir addieren nun die senkrecht untereinanderstehenden Glieder und erhalten:

$$\frac{\partial \mathfrak{v}}{\partial \mathfrak{r}} = \left(\mathfrak{i}\frac{\partial v_x}{\partial x} + \mathfrak{j}\frac{\partial v_y}{\partial x} + \mathfrak{k}\frac{\partial v_z}{\partial x}\right)\frac{dx}{d\mathfrak{r}}$$
$$+ \left(\mathfrak{i}\frac{\partial v_x}{\partial y} + \mathfrak{j}\frac{\partial v_y}{\partial y} + \mathfrak{k}\frac{\partial v_z}{\partial y}\right)\frac{dy}{d\mathfrak{r}}$$
$$+ \left(\mathfrak{i}\frac{\partial v_x}{\partial z} + \mathfrak{j}\frac{\partial v_y}{\partial z} + \mathfrak{k}\frac{\partial v_z}{\partial z}\right)\frac{dz}{d\mathfrak{r}}.$$

Nun sind aber die Ausdrücke in den Klammern nichts anderes als die partiellen Differentialquotienten von $\mathfrak{v}$ nach x, y und z; denn es ist

$$\mathfrak{i}\frac{\partial v_x}{\partial x} + \mathfrak{j}\frac{\partial v_y}{\partial x} + \mathfrak{k}\frac{\partial v_z}{\partial x} = \frac{\partial(v_x\mathfrak{i} + v_y\mathfrak{j} + v_z\mathfrak{k})}{\partial x} = \frac{\partial \mathfrak{v}}{\partial x} \text{ u. s. w.}$$

Wir erhalten daher:

$$\frac{\partial \mathfrak{v}}{\partial \mathfrak{r}} = \frac{\partial \mathfrak{v}}{\partial x}\frac{dx}{d\mathfrak{r}} + \frac{\partial \mathfrak{v}}{\partial y}\frac{dy}{d\mathfrak{r}} + \frac{\partial \mathfrak{v}}{\partial z}\frac{dz}{d\mathfrak{r}}. \tag{19}$$

Für den inneren und äußeren Differentialquotienten erhalten wir nun nach (19):

$$\frac{\partial\cdot\mathfrak{v}}{\partial \mathfrak{r}} = \frac{\partial \mathfrak{v}}{\partial x}\cdot\frac{dx}{d\mathfrak{r}} + \frac{\partial \mathfrak{v}}{\partial y}\cdot\frac{dy}{d\mathfrak{r}} + \frac{\partial \mathfrak{v}}{\partial z}\cdot\frac{dz}{d\mathfrak{r}}, \tag{21}$$

$$\frac{\partial\times\mathfrak{v}}{\partial \mathfrak{r}} = \frac{\partial \mathfrak{v}}{\partial x}\times\frac{dx}{d\mathfrak{r}} + \frac{\partial \mathfrak{v}}{\partial y}\times\frac{dy}{d\mathfrak{r}} + \frac{\partial \mathfrak{v}}{\partial z}\times\frac{dz}{d\mathfrak{r}}. \tag{22}$$

Für den zu (19) gehörigen Vektor folgt:

$$\frac{\partial \mathfrak{v}}{\partial r} = \frac{\partial \mathfrak{v}}{\partial x}\frac{dx}{dr} + \frac{\partial \mathfrak{v}}{\partial y}\frac{dy}{dr} + \frac{\partial \mathfrak{v}}{\partial z}\frac{dz}{dr}. \tag{20}$$

Zu beachten ist bei diesen Ausdrücken, daß die verschiedenen partiellen Differentialquotienten auch verschiedene Richtungen haben. Dies könnte man auf folgende Weise durch Indizes hervorheben: $\partial_r\mathfrak{v}/\partial r$, $\partial_y\mathfrak{v}/\partial y \ldots$. Ebenso würde man bei Differentialen schreiben: $D_r\mathfrak{v}$, $D_y\mathfrak{v} \ldots$.

Wenn wir nun annehmen, daß in jedem Punkte des von uns betrachteten Feldes die Differentialquotienten von $\mathfrak{v}$ nach allen Richtungen endlich stetig und eindeutig sind, so stellt uns die Gleichung (20) für jeden Punkt dieses Feldes die Mittelpunktsgleichung eines Ellipsoids vor, für welches $\partial\mathfrak{v}/\partial x$, $\partial\mathfrak{v}/\partial y$, $\partial\mathfrak{v}/\partial z$ drei konjugierte Halbmesser sind. Es wird daher für jeden Punkt auch drei zueinander senkrechte Differentialquotienten $\partial\mathfrak{v}/\partial r$ geben, deren Differentiationsrichtungen $\mathfrak{r}_1$ gleichfalls senkrecht zueinander stehen, und die dann die Halbachsen des Ellipsoids bilden.

Bevor wir auf die Besprechung dieses Ellipsoids näher eingehen, wollen wir auch den totalen Differentialquotienten durch die partiellen Differentialquotienten nach drei zueinander senkrechten Richtungen ausdrücken.

Setzen wir in (20)

$$\frac{dx}{dr} = \mathfrak{i} \cdot \mathfrak{r}_1, \quad \frac{dy}{dr} = \mathfrak{j} \cdot \mathfrak{r}_1, \quad \frac{dz}{dr} = \mathfrak{k} \cdot \mathfrak{r}_1,$$

dann wird

$$\frac{\partial \mathfrak{v}}{\partial r} = \frac{\partial \mathfrak{v}}{\partial x} \mathfrak{i} \cdot \mathfrak{r}_1 + \frac{\partial \mathfrak{v}}{\partial y} \mathfrak{j} \cdot \mathfrak{r}_1 + \frac{\partial \mathfrak{v}}{\partial z} \mathfrak{k} \cdot \mathfrak{r}_1.$$

Dies können wir aber auch schreiben:

$$\frac{\partial \mathfrak{v}}{\partial r} = \left(\frac{\partial \mathfrak{v}}{\partial x} \mathfrak{i} + \frac{\partial \mathfrak{v}}{\partial y} \mathfrak{j} + \frac{\partial \mathfrak{v}}{\partial z} \mathfrak{k}\right) \cdot \mathfrak{r}_1. \tag{23}$$

Aus (14) und (15) folgt daher:

$$\frac{\partial \mathfrak{v}}{\partial x} \mathfrak{i} + \frac{\partial \mathfrak{v}}{\partial y} \mathfrak{j} + \frac{\partial \mathfrak{v}}{\partial z} \mathfrak{k} = \mathfrak{i} \frac{d v_x}{d \mathfrak{r}} + \mathfrak{j} \frac{d v_y}{d \mathfrak{r}} + \mathfrak{k} \frac{d v_z}{d \mathfrak{r}}$$

$$\frac{\partial \mathfrak{v}}{\partial x} \mathfrak{i} + \frac{\partial \mathfrak{v}}{\partial y} \mathfrak{j} + \frac{\partial \mathfrak{v}}{\partial z} \mathfrak{k} = \frac{d \mathfrak{v}}{d \mathfrak{r}}. \tag{24}$$

Die Gleichheit zwischen den Ausdrücken (15) und (24) läßt sich auch zeigen, indem wir auf (15) die Beziehung (6) anwenden. Es ist dann:

$$\left.\begin{aligned} \frac{d \mathfrak{v}}{d \mathfrak{r}} = \mathfrak{i} &\left(\frac{\partial v_x}{\partial x} \mathfrak{i} + \frac{\partial v_x}{\partial y} \mathfrak{j} + \frac{\partial v_x}{\partial z} \mathfrak{k}\right) \\ + \mathfrak{j} &\left(\frac{\partial v_y}{\partial x} \mathfrak{i} + \frac{\partial v_y}{\partial y} \mathfrak{j} + \frac{\partial v_y}{\partial z} \mathfrak{k}\right) \\ + \mathfrak{k} &\left(\frac{\partial v_z}{\partial x} \mathfrak{i} + \frac{\partial v_z}{\partial y} \mathfrak{j} + \frac{\partial v_z}{\partial z} \mathfrak{k}\right). \end{aligned}\right\} \tag{15''}$$

Indem wir die senkrecht untereinander stehenden Glieder addieren, erhalten wir wieder:

$$\frac{d \mathfrak{v}}{d \mathfrak{r}} = \frac{\partial \mathfrak{v}}{\partial x} \mathfrak{i} + \frac{\partial \mathfrak{v}}{\partial y} \mathfrak{j} + \frac{\partial \mathfrak{v}}{\partial z} \mathfrak{k}.$$

Diesen Ausdruck können wir auch schreiben:

$$\frac{d \mathfrak{v}}{d \mathfrak{r}} = \frac{\partial \mathfrak{v}}{\partial \mathfrak{x}} + \frac{\partial \mathfrak{v}}{\partial \mathfrak{y}} + \frac{\partial \mathfrak{v}}{\partial \mathfrak{z}}. \tag{24'}$$

Hätten wir drei andere zueinander senkrechte Richtungen $\mathfrak{s}_1\, \mathfrak{t}_1\, \mathfrak{n}_1$ gewählt, so hätten wir ebenso erhalten:

$$\frac{d\mathfrak{v}}{d\mathfrak{r}} = \frac{\partial \mathfrak{v}}{\partial \mathfrak{s}} + \frac{\partial \mathfrak{v}}{\partial \mathfrak{t}} + \frac{\partial \mathfrak{v}}{\partial \mathfrak{n}}.$$

Wir erkennen hier wieder die vollkommene Gleichwertigkeit von $\partial \mathfrak{v}/\partial \mathfrak{x} \ldots$ und den Differentialquotienten nach irgend einer anderen Richtung, weshalb wir sie sämtlich als partielle Differentialquotienten bezeichnen, die in einem allgemeineren Sinne hier gleichfalls als Komponenten des totalen Differentialquotienten aufgefaßt werden können. Dieser selbst ist nun nach (24') auch definiert als die Summe der partiellen Differentialquotienten von $\mathfrak{v}$ nach drei zueinander senkrechten Richtungen. Hier ist die formale Gleichwertigkeit mit dem totalen Differentialquotienten im Skalarfelde noch deutlicher zu erkennen, als bei der ersten Definition.

Wir erkennen auch, daß der totale Differentialquotient $d\mathfrak{v}/d\mathfrak{r}$ wieder eine bloße Funktion von $\mathfrak{r}$ ist, ebenso wie $\mathfrak{v}$. Er ist bestimmt durch drei zueinander konjugierte Durchmesser eines Ellipsoids, die zu einem gegebenen rechtwinkligen Achsenkreuz gehören, und da wir durch Drehung dieses Achsenkreuzes in alle möglichen Lagen auch alle möglichen konjugierten Durchmessersysteme erhalten, die in ihrer Gesamtheit das Ellipsoid ausmachen, so können wir direkt $d\mathfrak{v}/d\mathfrak{r}$ als Ellipsoid bezeichnen, ebenso wie wir $\mathfrak{v}$ einen Vektor nennen. Wir erhalten daher durch Differentiation des Skalarfeldes ein Vektorfeld und durch Differentiation des Vektorfeldes ein Ellipsoidfeld. Im eindeutigen, endlichen und stetigen Ellipsoidfeld entspricht jedem Punkt ein bestimmtes Ellipsoid.[1])

Der totale Differentialquotient von $\mathfrak{v}$ in einem Punkte des Feldes ist uns also durch ein Ellipsoid gegeben, während die partiellen Differentialquotienten als Komponenten des totalen Halbmesser dieses Ellipsoids sind. Irgend eine Zweideutigkeit ist in diesen Bestimmungen ebensowenig enthalten, wie in denen im Skalarfeld.

---

[1]) Eine allgemeinere Bezeichnung für das Ellipsoidfeld ist Feld zweiten Grades. Darauf werden wir später noch zurückkommen.

Für den totalen inneren und den totalen äußeren Differentialquotienten erhalten wir aus (24) und (24'):

$$\left.\begin{aligned} \frac{\partial \mathfrak{v}}{\partial x}\cdot\mathfrak{i} + \frac{\partial \mathfrak{v}}{\partial y}\cdot\mathfrak{j} + \frac{\partial \mathfrak{v}}{\partial z}\cdot\mathfrak{k} &= \frac{d\cdot\mathfrak{v}}{d\mathfrak{r}} \\ \frac{\partial\cdot\mathfrak{v}}{\partial\mathfrak{x}} + \frac{\partial\cdot\mathfrak{v}}{\partial\mathfrak{y}} + \frac{\partial\cdot\mathfrak{v}}{\partial\mathfrak{z}} &= \frac{d\cdot\mathfrak{v}}{d\mathfrak{r}} \end{aligned}\right\} \quad (25)$$

$$\left.\begin{aligned} \frac{\partial \mathfrak{v}}{\partial x}\times\mathfrak{i} + \frac{\partial \mathfrak{v}}{\partial y}\times\mathfrak{j} + \frac{\partial \mathfrak{v}}{\partial z}\times\mathfrak{k} &= \frac{d\times\mathfrak{v}}{d\mathfrak{r}} \\ \frac{\partial\times\mathfrak{v}}{\partial\mathfrak{x}} + \frac{\partial\times\mathfrak{v}}{\partial\mathfrak{y}} + \frac{\partial\times\mathfrak{v}}{\partial\mathfrak{z}} &= \frac{d\times\mathfrak{v}}{d\mathfrak{r}} \end{aligned}\right\} \quad (26)$$

In Fig. 9 sind die Beziehungen der Gleichungen 19—22 für das ebene Feld graphisch dargestellt. Der totale Differentialquotient ist uns durch die beiden geometrischen Quotienten $\partial\mathfrak{v}/\partial\mathfrak{x} = \partial\mathfrak{v}/\partial x\,\mathfrak{i}$ und $\partial\mathfrak{v}/\partial\mathfrak{y} = \partial\mathfrak{v}/\partial y\,\mathfrak{j}$, die die Ellipse nach Größe und Richtung bestimmen, gegeben, und

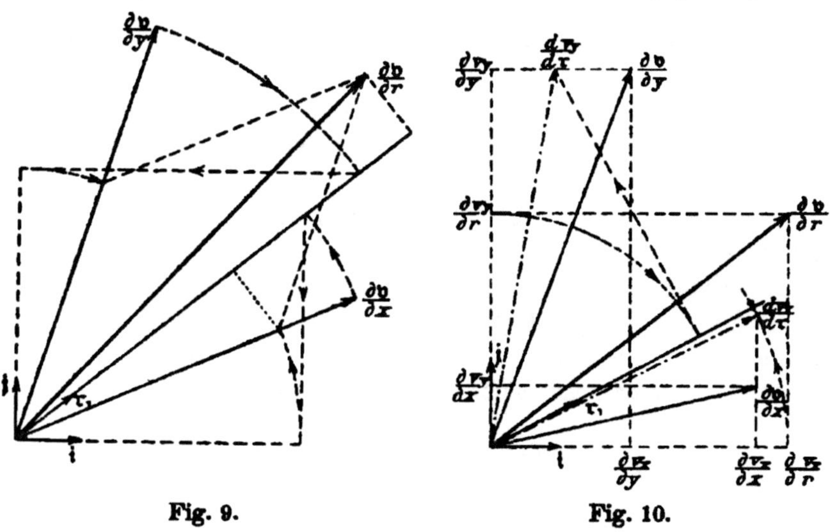

Fig. 9. Fig. 10.

es ist nun ein anderer geometrischer Quotient $\partial\mathfrak{v}/\partial\mathfrak{r}$ für eine Differentiationsrichtung $\mathfrak{r}_1$ zu bestimmen. Zu diesem Zweck brauchen wir bloß $\partial\mathfrak{v}/\partial r$ nach Gleichung (19) zu konstruieren. Diese Konstruktion ist eine Verallgemeinerung einer bekannten Ellipsenkonstruktion für die beiden Hauptachsen.

In Fig. 10 ist gezeigt, wie man mit Hilfe der Beziehung

$$\mathfrak{i}\cdot\frac{d\,v_x}{d\mathfrak{r}} = \frac{\partial\mathfrak{v}}{\partial x}\cdot\mathfrak{i} = \frac{\partial v_x}{\partial x}$$

bei gegebenen partiellen Differentialquotienten $\partial \mathfrak{v}/\partial x$ und $\partial \mathfrak{v}/\partial y$ die totalen Differentialquotienten $dv_x/d\mathfrak{r}$ und $dv_y/d\mathfrak{r}$ der zugehörigen Komponenten konstruieren kann.

In Fig. 11 ist der spezielle Fall behandelt, daß $\partial \mathfrak{v}/\partial x \| \mathfrak{i}$ und $\partial \mathfrak{v}/\partial y \| \mathfrak{j}$ wird. Dann sind $\partial \mathfrak{v}/\partial x$ und $\partial \mathfrak{v}/\partial y$ die Hauptachsen der Ellipse, und die Konstruktion von $\partial \mathfrak{v}/\partial r$ für eine bestimmte Richtung $\mathfrak{r}_1$ geht über in die bekannte Ellipsenkonstruktion. Es wird jetzt auch

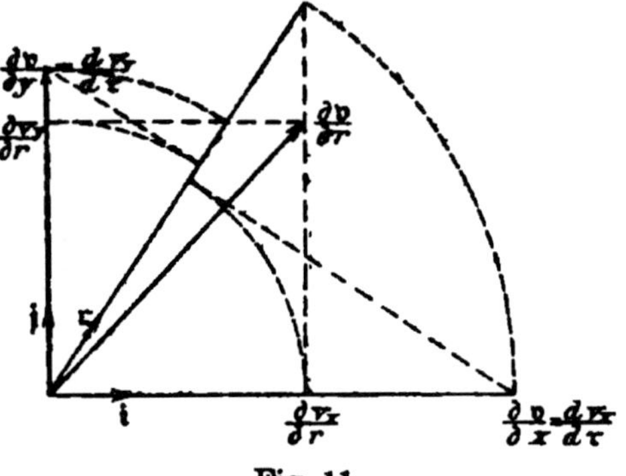

Fig. 11.

$$\frac{dv_x}{d\mathfrak{r}} = \frac{\partial \mathfrak{v}}{\partial x} = \frac{\partial v_x}{\partial x}\mathfrak{i}$$

und

$$\frac{dv_y}{d\mathfrak{r}} = \frac{\partial \mathfrak{v}}{\partial y} = \frac{\partial v_y}{\partial y}\mathfrak{j}.$$

Daher fallen hier die partiellen Differentialquotienten in Richtung der Hauptachsen mit den totalen Differentialquotienten der Komponenten in diesen Richtungen zusammen. Daraus folgt auch eine Eigenschaft der Ellipse, die sich zu ihrer Konstruktion verwerten läßt.

Im räumlichen Felde werden die entsprechenden Konstruktionen für das Ellipsoid gelten.

$d\mathfrak{v}/d\mathfrak{r}$ können wir auch noch auf eine dritte Art ausdrücken, indem wir den Ausdruck (15″) ausmultiplizieren. Wir erhalten dann:

$$\left.\begin{aligned} \frac{d\mathfrak{v}}{d\mathfrak{r}} = {} & \frac{\partial v_x}{\partial x}\mathfrak{i}\mathfrak{i} + \frac{\partial v_x}{\partial y}\mathfrak{i}\mathfrak{j} + \frac{\partial v_x}{\partial z}\mathfrak{i}\mathfrak{k} \\ & + \frac{\partial v_y}{\partial x}\mathfrak{j}\mathfrak{i} + \frac{\partial v_y}{\partial y}\mathfrak{j}\mathfrak{j} + \frac{\partial v_y}{\partial z}\mathfrak{j}\mathfrak{k} \\ & + \frac{\partial v_z}{\partial x}\mathfrak{k}\mathfrak{i} + \frac{\partial v_z}{\partial y}\mathfrak{k}\mathfrak{j} + \frac{\partial v_z}{\partial z}\mathfrak{k}\mathfrak{k}. \end{aligned}\right\} \quad (27)$$

Gibbs nennt eine solche Form die „nonion"-Form. Auf diese läßt sich jede dyadic bringen.[1])

[1]) Während daher der Vektor durch drei verschiedene Einheiten bestimmt ist, ist es die dyadic durch neun.

Wir sehen, daß dieselbe sowohl den Ausdruck (15) als auch den Ausdruck (24) enthält. Auf den ersteren kommen wir durch Zusammenfassung der drei Horizontalreihen, auf den letzteren durch Zusammenfassung der drei Vertikalreihen; und wir erkennen daraus auch, daß es im Wesen des Ausdruckes $d\mathfrak{v}/d\mathfrak{r}$ liegt, daß er sich auf diese drei verschiedenen Arten ausdrücken läßt.

Für $d\cdot\mathfrak{v}/d\mathfrak{r}$ und $d\times\mathfrak{v}/d\mathfrak{r}$ folgt aus (27)

$$\frac{d\cdot\mathfrak{v}}{d\mathfrak{r}} = \frac{\partial v_x}{\partial x} + \frac{\partial v_y}{\partial y} + \frac{\partial v_z}{\partial z}, \tag{28}$$

$$\frac{d\times\mathfrak{v}}{d\mathfrak{r}} = \left(\frac{\partial v_y}{\partial z} - \frac{\partial v_z}{\partial y}\right)\mathfrak{i} + \left(\frac{\partial v_z}{\partial x} - \frac{\partial v_x}{\partial z}\right)\mathfrak{j} + \left(\frac{\partial v_x}{\partial y} - \frac{\partial v_y}{\partial x}\right)\mathfrak{k}. \tag{29}$$

Dies ist die übliche Koordinatendarstellung von div. und curl.

Es ist noch zu erwähnen, daß wir auch den Ausdruck $\mathfrak{r}_1\cdot d\mathfrak{v}/d\mathfrak{r}$ bilden können. Derselbe wird nach (15) und (24)

$$\mathfrak{r}_1\cdot\frac{d\mathfrak{v}}{d\mathfrak{r}} = \frac{dx}{dr}\,\frac{dv_x}{d\mathfrak{r}_x} + \frac{dy}{dr}\,\frac{dv_y}{d\mathfrak{r}_y} + \frac{dz}{dr}\,\frac{dv_z}{d\mathfrak{r}_z}, \tag{30}$$

$$\mathfrak{r}_1\cdot\frac{d\mathfrak{v}}{d\mathfrak{r}} = \left(\mathfrak{r}_1\cdot\frac{\partial\mathfrak{v}}{\partial x}\right)\mathfrak{i} + \left(\mathfrak{r}_1\cdot\frac{\partial\mathfrak{v}}{\partial y}\right)\mathfrak{j} + \left(\mathfrak{r}_1\cdot\frac{\partial\mathfrak{v}}{\partial z}\right)\mathfrak{k}, \tag{30'}$$

$$\mathfrak{r}_1\cdot\frac{d\mathfrak{v}}{d\mathfrak{r}} = \frac{dv_r}{d\mathfrak{r}}, \tag{30''}$$

oder in der üblichen Schreibweise:

$$\mathfrak{r}_1\cdot\nabla\,\mathfrak{v} = \nabla\,v_r\,.$$

Die Konstruktion von (30) entspricht derjenigen in Fig. 9, diejenige von (30') der in Fig. 8.

Wir erhalten auch hier wieder eine Ellipse, bzw. ein Ellipsoid, in dem jetzt $dv_x/d\mathfrak{r}$, $dv_y/d\mathfrak{r}$, $dv_z/d\mathfrak{r}$ die zu einem bestimmten rechtwinkligen Achsenkreuz gehörigen konjugierten Durchmesser sind. Es wird also auch für die totalen Differentialquotienten der Komponenten drei zueinander senkrechte Werte geben, die die Hauptachsen des Ellipsoids bilden.

Die dyadic ist eben im allgemeinen zweiwertig, das heißt, es entsprechen ihr zwei Ellipsoidfelder. Diese zwei Werte kommen durch die zwei verschiedenen Arten von Komponenten $\partial\mathfrak{v}/\partial x\,\mathfrak{i}$ und $\mathfrak{i}\,dv_x/d\mathfrak{r}$ bei $d\mathfrak{v}/d\mathfrak{r}$ zum Ausdruck. In dem einen Ellipsoid bestimmen die konjugierten Halbmesser die partiellen Differentialquotienten nach gegebenen Richtungen, in dem anderen bestimmen sie die totalen Differentialquotienten der Komponenten nach gegebenen Richtungen.

Bei dieser Gelegenheit sei noch folgendes bemerkt: Wir können auch den konjugierten Wert von $d\mathfrak{v}/d\mathfrak{r}$ bilden, wobei wir zur Unterscheidung den Index c verwenden. Derselbe ist dann:

$$\frac{d\mathfrak{v}}{d\mathfrak{r}_c} = \frac{1}{d\mathfrak{r}} d\mathfrak{v} = \mathfrak{i}\frac{\partial \mathfrak{v}}{\partial x} + \mathfrak{j}\frac{\partial \mathfrak{v}}{\partial y} + \mathfrak{k}\frac{\partial \mathfrak{v}}{\partial z}, \tag{24c}$$

oder

$$\frac{d\mathfrak{v}}{d\mathfrak{r}_c} = \frac{d v_x}{d\mathfrak{r}_c}\mathfrak{i} + \frac{d v_y}{d\mathfrak{r}_c}\mathfrak{j} + \frac{d v_z}{d\mathfrak{r}_c}\mathfrak{k}. \tag{15c}$$

Wir erkennen daraus, daß

$$\mathfrak{r}_1 \cdot \frac{d\mathfrak{v}}{d\mathfrak{r}_c} = \frac{d\mathfrak{v}}{d\mathfrak{r}} \cdot \mathfrak{r}_1 = \frac{\partial \mathfrak{v}}{\partial r},$$

$$\frac{d\mathfrak{v}}{d\mathfrak{r}_c} \cdot \mathfrak{r}_1 = \mathfrak{r}_1 \cdot \frac{d\mathfrak{v}}{d\mathfrak{r}} = \frac{d v_r}{d\mathfrak{r}},$$

$$\frac{d \cdot \mathfrak{v}}{d\mathfrak{r}_c} = \frac{d \cdot \mathfrak{v}}{d\mathfrak{r}},$$

$$\frac{d \times \mathfrak{v}}{d\mathfrak{r}_c} = -\frac{d \times \mathfrak{v}}{d\mathfrak{r}}.$$

Es bestimmt somit der Konjugierte des Differentialquotienten $d\mathfrak{v}/d\mathfrak{r}$ dieselben zwei Ellipsoidfelder, nur ist ihre Reihenfolge verkehrt. Allgemeiner können wir sagen: Ein Vektor $\mathfrak{v}$ besitzt zwei Differentialquotienten, die einander konjugiert sind. Durch willkürliche Festsetzung bezeichnen wir nur den einen, und zwar $d\mathfrak{v}\,1/d\mathfrak{r}$ als Differentialquotienten und nennen $1/d\mathfrak{r}\,d\mathfrak{v}$ seinen Konjugierten. Der Grund für diese Bestimmung ist formaler Natur.

Es sei nun:

$$\mathfrak{r}_1 = \mathfrak{i},$$

dann ist

$$\mathfrak{i} \cdot \frac{d\mathfrak{v}}{d\mathfrak{r}} = \frac{d v_x}{d\mathfrak{r}}.$$

Ebenso wird

$$\frac{d\mathfrak{v}}{d\mathfrak{r}} \cdot \mathfrak{i} = \frac{\partial \mathfrak{v}}{\partial x}.$$

Ferner ist

$$\left.\begin{aligned} \mathfrak{i} \cdot \frac{d\mathfrak{v}}{d\mathfrak{r}} \cdot \mathfrak{i} &= \frac{\partial v_x}{\partial x} \\ \mathfrak{j} \cdot \frac{d\mathfrak{v}}{d\mathfrak{r}} \cdot \mathfrak{i} &= \frac{\partial v_y}{\partial x} \\ \mathfrak{i} \cdot \frac{d\mathfrak{v}}{d\mathfrak{r}} \cdot \mathfrak{j} &= \frac{\partial v_x}{\partial y}. \end{aligned}\right\} \tag{30a}$$

u. s. w.

Benutzen wir die beiden ersten Ausdrücke, indem wir sie in (15) und (24) einführen, so folgt:

$$\frac{d\mathfrak{v}}{d\mathfrak{r}} = \mathfrak{i}\left(\mathfrak{i}\cdot\frac{d\mathfrak{v}}{d\mathfrak{r}}\right) + \mathfrak{j}\left(\mathfrak{j}\cdot\frac{d\mathfrak{v}}{d\mathfrak{r}}\right) + \mathfrak{k}\left(\mathfrak{k}\cdot\frac{d\mathfrak{v}}{d\mathfrak{r}}\right),$$

$$\frac{d\mathfrak{v}}{d\mathfrak{r}} = \left(\frac{d\mathfrak{v}}{d\mathfrak{r}}\cdot\mathfrak{i}\right)\mathfrak{i} + \left(\frac{d\mathfrak{v}}{d\mathfrak{r}}\cdot\mathfrak{j}\right)\mathfrak{j} + \left(\frac{d\mathfrak{v}}{d\mathfrak{r}}\cdot\mathfrak{k}\right)\mathfrak{k}.$$

Dies können wir aber auch schreiben:

$$\frac{d\mathfrak{v}}{d\mathfrak{r}} = (\mathfrak{i}\mathfrak{i} + \mathfrak{j}\mathfrak{j} + \mathfrak{k}\mathfrak{k})\cdot\frac{d\mathfrak{v}}{d\mathfrak{r}},$$

$$\frac{d\mathfrak{v}}{d\mathfrak{r}} = \frac{d\mathfrak{v}}{d\mathfrak{r}}\cdot(\mathfrak{i}\mathfrak{i} + \mathfrak{j}\mathfrak{j} + \mathfrak{k}\mathfrak{k}).$$

Wir erkennen daraus, daß der Ausdruck $\mathfrak{i}\mathfrak{i} + \mathfrak{j}\mathfrak{j} + \mathfrak{k}\mathfrak{k}$ die Rolle einer Einheit spielt. Gibbs nennt denselben „idemfactor“ und bezeichnet ihn mit I. Nach unserer Auffassung stellt I eine Einheitskugel dar, die nach einem beliebigen rechtwinkligen Achsenkreuz orientiert sein kann.

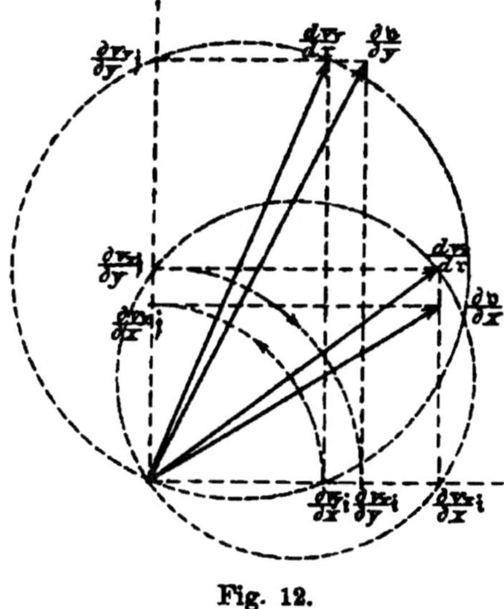

Fig. 12.

In Fig. 12 ist der Zusammenhang der Ausdrücke (15), (24) und (27) für das ebene Feld graphisch anschaulich gemacht. Wir erkennen aus dieser Figur, daß, sobald die projizierenden Komponenten einander gleich werden, also $\partial v_x/\partial y = \partial v_y/\partial x$, oder in der üblichen Ausdrucksweise $\operatorname{curl}\mathfrak{v} = 0$ wird, auch

$$\frac{d v_y}{d\mathfrak{r}} = \frac{\partial\mathfrak{v}}{\partial y} \quad \text{und} \quad \frac{d v_x}{d\mathfrak{r}} = \frac{\partial\mathfrak{v}}{\partial x}$$

wird. Es fallen dann die totalen Differentialquotienten der Komponenten und die partiellen Differentialquotienten nach deren Richtungen zusammen.

Man kann sich von dieser Tatsache auch durch den Ausdruck (27) überzeugen, denn für $\operatorname{curl} \mathfrak{v} = 0$ werden die Koeffizienten in den horizontalen und den vertikalen Reihen einander gleich. Der totale Differentialquotient $d\mathfrak{v}/d\mathfrak{r}$ wird daher in diesem Falle selbstkonjugiert, und die beiden Ellipsoide fallen zusammen. Daraus folgt, daß

$$\frac{d\mathfrak{v}}{d\mathfrak{r}} \cdot \mathfrak{r}_1 = \mathfrak{r}_1 \cdot \frac{d\mathfrak{v}}{d\mathfrak{r}} = \frac{\partial \mathfrak{v}}{\partial r} = \frac{d v_r}{d\mathfrak{r}},$$

ferner

$$\mathfrak{i} \times \frac{d v_x}{d\mathfrak{r}} = -\frac{\partial \mathfrak{v}}{\partial x} \times \mathfrak{i}$$

u. s. w.

In Fig. 13 sehen wir aus der Kongruenz der schraffierten Dreiecke, daß, wenn die Gleichheit der projizierenden Komponenten $a a' = b b'$ für zwei beliebige konjugierte Durchmesser

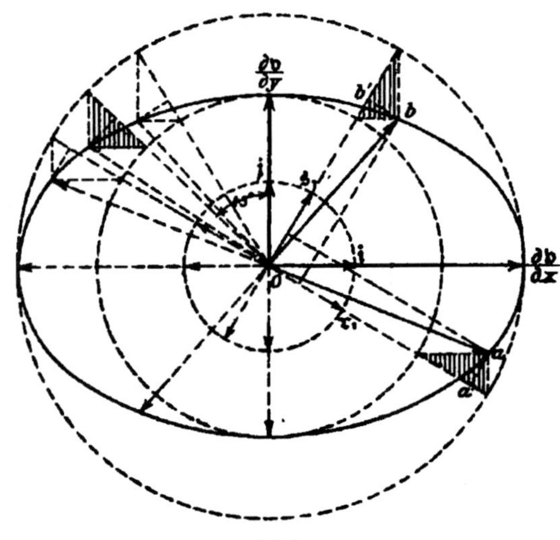

Fig. 13.

zutrifft, dies für jede beliebige andere auch zutreffen muß, und dann die Hauptachsen in die Richtung des zugehörigen Achsenkreuzes fallen müssen. Umgekehrt muß, wenn dies der Fall ist, auch $\operatorname{curl} \mathfrak{v} = 0$ werden.

Ebenso ergibt sich aus dieser Kongruenz der Dreiecke, daß die Summe der Projektionen $0a'$ und $0b'$ nicht nur für die beiden beliebig gewählten konjugierten Durchmesser gleich der Summe der halben großen und kleinen Achse ist, sondern daß dies auch für alle anderen zutreffen muß.

Diese beiden Tatsachen folgen natürlich ohne weiteres aus der Unabhängigkeit des äußeren und inneren totalen Differentialquotienten vom gewählten Achsenkreuz, da dieselben bloße Funktionen von $\mathfrak{r}$ sind. Der geometrische Beweis soll dies nur unmittelbar veranschaulichen.

Wir erkennen auch, daß, wenn $\mathfrak{r}_1$ einen Winkel von 45° mit $\mathfrak{i}$ und $\mathfrak{j}$ einschließt, der äußere partielle Differentialquotient nach dieser Richtung ein Maximum wird und der innere partielle Differentialquotient das arithmetische Mittel aus dem maximalen und dem minimalen inneren partiellen Differentialquotienten, die durch die beiden Hauptachsen gegeben sind.

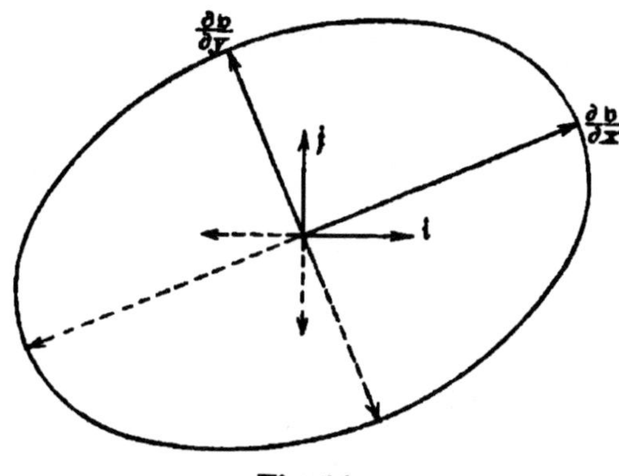

Fig. 14.

Dies folgt daraus, daß für diesen Fall das schraffierte Dreieck gleichschenklig wird.[1])

Ist $d \times \mathfrak{v}/d\mathfrak{r}$ von 0 verschieden, trifft also die Gleichheit der projizierenden Komponenten nicht mehr zu, dann erscheinen die Hauptachsen des Ellipsoids gegen ihr zugehöriges Achsenkreuz verdreht. In Fig. 14 ist dies für das ebene Feld graphisch dargestellt.

Wir können uns also für $d \times \mathfrak{v}/d\mathfrak{r} = 0$ das Ellipsoid durch Zug und Druck aus einer Kugel entstanden denken. Für $d \times \mathfrak{v}/d\mathfrak{r} \gtrless 0$ kommt noch eine Drehung hinzu.

---

[1]) Man vergleiche die analogen Beziehungen der Elastizitätstheorie

Auch der Fall, daß div = 0 ist, läßt sich graphisch veranschaulichen. In Fig. 15 ist das für das ebene Feld geschehen. Es fallen zwar hier die Hauptachsen ebenfalls in die Richtung des zugehörigen Achsenkreuzes; doch haben $\partial \mathfrak{v}/\partial x$ und $\partial \mathfrak{v}/\partial y$ jetzt ihre Rollen vertauscht, oder die Hauptachsen erscheinen um 90° gegen das zugehörige Achsenkreuz verdreht. Es wird nun für die Hauptachsen $\partial v_x/\partial x = 0$ und $\partial v_y/\partial y = 0$, mithin $d \cdot \mathfrak{v}/d\mathfrak{r} = 0$. Daher muß auch für jede beliebige zwei andere zueinander senkrechte Richtungen $\mathfrak{r}_1$ und $\mathfrak{s}_1$ die Summe der Projektionen gleich Null sein. Es ist also in Fig. 15 $0a' = -0b'$. Ebenso muß die Differenz der

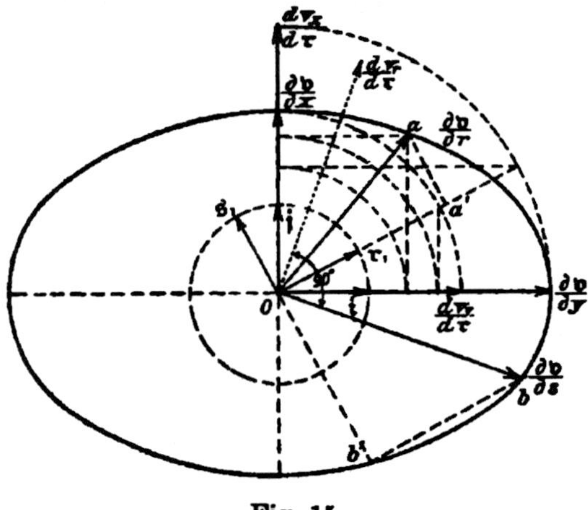

Fig. 15.

Projizierenden $bb' - aa'$ gleich sein der Differenz der Hauptachsen.

Durch Drehung der Ellipse um 90° erhalten wir die zweite Ellipse, welche die totalen Differentialquotienten der Komponenten enthält.

Wird $\partial \mathfrak{v}/\partial x$ seinem skalaren Werte nach gleich mit $\partial \mathfrak{v}/\partial y$, dann geht die Ellipse in einen Kreis über, und es bestehen die beiden Beziehungen

$$\frac{\partial v_x}{\partial x} = 0, \quad \frac{\partial v_y}{\partial y} = 0,$$

$$\frac{\partial v_x}{\partial y} = \frac{\partial v_y}{\partial x},$$

oder

$$\frac{d \cdot \mathfrak{v}}{d \mathfrak{r}} = 0, \quad \frac{d \times \mathfrak{v}}{d \mathfrak{r}} = 0.$$

Es bleibt in diesem Falle der skalare Wert von $\partial \mathfrak{v} / \partial r$ nach jeder beliebigen Richtung derselbe.

Graphisch ist dieser Fall in Fig. 16 behandelt. Drehen wir das Achsenkreuz speziell um 45° nach $\mathfrak{i}_1$ und $\mathfrak{j}_1$ und nennen die Komponenten nach diesen Richtungen x_1 und y_1, dann ist für dieses Achsenkreuz die Bedingung $d \cdot \mathfrak{v} / d \mathfrak{r} = 0$ und $d \times \mathfrak{v} / d \mathfrak{r} = 0$ in der Form gegeben:

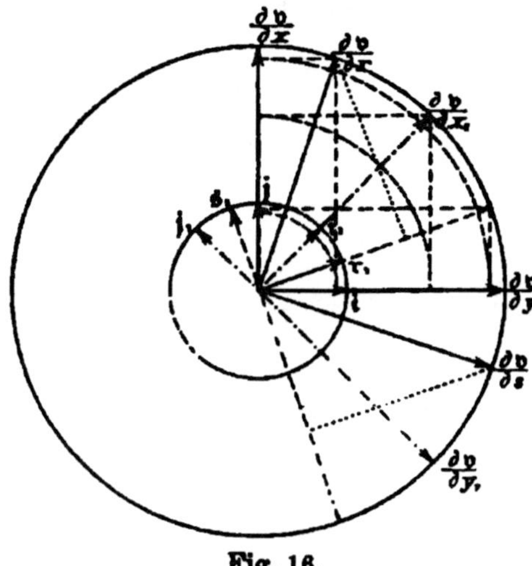

Fig. 16.

$$\frac{\partial v_x}{\partial x} = - \frac{\partial v_y}{\partial y},$$

$$\frac{\partial v_x}{\partial y} = \frac{\partial v_y}{\partial x} = 0.$$

Für das räumliche Feld werden die Beziehungen für $d \cdot \mathfrak{v} / d \mathfrak{r} = 0$ mannigfaltiger.

Zu bemerken ist noch, daß außer den gewählten Richtungsverhältnissen noch andere möglich sind, die man leicht auffinden kann. Ferner ist zu beachten, ob sich die konjugierten Durchmesser im selben Sinne drehen, wie ihre zugehörigen Achsenkreuze, oder im entgegengesetzten.

Wir wollen uns noch mit den partiellen Differentialquotienten beschäftigen. Nach (10) können wir schreiben:

$$\begin{aligned} \frac{\partial \mathfrak{v}}{\partial \mathfrak{r}} = & \left(\frac{\partial v_x}{\partial x} \frac{d x}{d r} + \frac{\partial v_x}{\partial y} \frac{d y}{d r} + \frac{\partial v_x}{\partial z} \frac{d z}{d r} \right) \mathfrak{i}\, \mathfrak{r}_1 \\ & + \left(\frac{\partial v_y}{\partial x} \frac{d x}{d r} + \frac{\partial v_y}{\partial y} \frac{d y}{d r} + \frac{\partial v_y}{\partial z} \frac{d z}{d r} \right) \mathfrak{j}\, \mathfrak{r}_1 \\ & + \left(\frac{\partial v_z}{\partial x} \frac{d x}{d r} + \frac{\partial v_z}{\partial y} \frac{d y}{d r} + \frac{\partial v_z}{\partial z} \frac{d z}{d r} \right) \mathfrak{k}\, \mathfrak{r}_1 . \end{aligned}$$

Bezeichnen wir die Winkel, welche $\mathfrak{r}_1$ mit $\mathfrak{i}$, $\mathfrak{j}$, $\mathfrak{k}$ einschließt, durch $x r$, $y r$, $z r$, so ist:

$$\frac{dx}{dr} = \mathfrak{i} \cdot \mathfrak{r}_1 = \cos(x r),$$

$$\frac{dy}{dr} = \mathfrak{j} \cdot \mathfrak{r}_1 = \cos(y r),$$

$$\frac{dz}{dr} = \mathfrak{k} \cdot \mathfrak{r}_1 = \cos(z r).$$

Mit Benutzung dieser Beziehungen erhalten wir zunächst für den inneren partiellen Differentialquotienten

$$\left.\begin{aligned}\frac{\partial \cdot \mathfrak{v}}{\partial \mathfrak{r}} = \frac{\partial v_x}{\partial x}\cos^2(x r) + \frac{\partial v_y}{\partial y}\cos^2(y r) + \frac{\partial v_z}{\partial z}\cos^2(z r)\\ + \left(\frac{\partial v_x}{\partial y} + \frac{\partial v_y}{\partial x}\right)\cos(x r)\cos(y r)\\ + \left(\frac{\partial v_y}{\partial z} + \frac{\partial v_z}{\partial y}\right)\cos(y r)\cos(z r)\\ + \left(\frac{\partial v_z}{\partial x} + \frac{\partial v_x}{\partial z}\right)\cos(z r)\cos(x r).\end{aligned}\right\} \quad (31)$$

Dies ist ein bekannter Ausdruck, dem wir sehr oft begegnen. Weyrauch nennt eine Funktion von solcher Beschaffenheit eine stetige Funktion der Richtung.[1]) Es wird hier auch die ebenfalls in dem Weyrauchschen Buche abgeleitete kubische Gleichung gelten, deren Wurzeln die Maxima und Minima von $\partial \cdot \mathfrak{v} / \partial \mathfrak{r}$ sind. Wir brauchen in dieselbe nur unsere Bezeichnungen einzuführen.

Nehmen wir umgekehrt an, $\mathfrak{v}$ sei ein Verschiebungsvektor, und bezeichnen wir die Komponenten der Verschiebung nach $\mathfrak{i}\,\mathfrak{j}\,\mathfrak{k}$ mit $\xi\,\eta\,\zeta$ und nach Weyrauch deren partielle Differentialquotienten nach $x\,y\,z$, also ihre spezifischen Verschiebungen, oder Verschiebungen pro Längeneinheit, mit

$$\frac{\partial \xi}{\partial x} = x_x, \quad \frac{\partial \xi}{\partial y} = x_y, \quad \frac{\partial \xi}{\partial z} = x_z, \quad \frac{\partial \eta}{\partial x} = y_x \ldots,$$

setzen wir ferner

$$\frac{\partial \xi}{\partial y} + \frac{\partial \eta}{\partial x} = g_{xy}, \quad \frac{\partial \eta}{\partial z} + \frac{\partial \zeta}{\partial y} = g_{yz}, \quad \frac{\partial \zeta}{\partial x} + \frac{\partial \xi}{\partial z} = g_{zx},$$

und führen wir diese Bezeichnungen in (31) ein, so erhalten wir sofort die Komponente der spezifischen Verschiebung nach $\mathfrak{r}_1$ für die Richtung $\mathfrak{r}_1$:

[1]) Weyrauch, Theorie elastischer Körper. Leipzig 1884. S. 20.

$$\frac{\partial \cdot \mathfrak{v}}{\partial \mathfrak{r}} = r_r = x_x \cos^2(x\,r) + y_y \cos^2(y\,r) + z_z \cos^2(z\,r) \\ + g_{xy} \cos(x\,r)\cos(y\,r) + g_{yz}\cos(y\,r)\cos(z\,r) \\ + g_{zx}\cos(z\,r)\cos(x\,r).$$

Die Normalverschiebung r_r ist also nichts anderes als der partielle innere Differentialquotient von $\mathfrak{v}$ nach $\mathfrak{r}_1$.

Wir führen nun in die kubische Gleichung unsere Bezeichnungen ein und setzen die extremen Werte von $\partial \cdot \mathfrak{v}/\partial \mathfrak{r}$ gleich x. Dann nimmt sie folgende Gestalt an:

$$x^3 - \left(\frac{\partial v_x}{\partial x} + \frac{\partial v_y}{\partial y} + \frac{\partial v_z}{\partial z}\right) x^2 \\ + \left[\frac{\partial v_x}{\partial x}\frac{\partial v_y}{\partial y} + \frac{\partial v_y}{\partial y}\frac{\partial v_z}{\partial z} + \frac{\partial v_z}{\partial z}\frac{\partial v_x}{\partial x} - \frac{1}{4}\left(\frac{\partial v_x}{\partial y} + \frac{\partial v_y}{\partial x}\right)^2 \right. \\ \left. - \frac{1}{4}\left(\frac{\partial v_y}{\partial z} + \frac{\partial v_z}{\partial y}\right)^2 - \frac{1}{4}\left(\frac{\partial v_z}{\partial x} + \frac{\partial v_x}{\partial z}\right)^2\right] x, \\ - \left[\frac{\partial v_x}{\partial x}\frac{\partial v_y}{\partial y}\frac{\partial v_z}{\partial z} - \frac{1}{4}\frac{\partial v_x}{\partial x}\left(\frac{\partial v_y}{\partial z} + \frac{\partial v_z}{\partial y}\right)^2 \right. \\ - \frac{1}{4}\frac{\partial v_y}{\partial y}\left(\frac{\partial v_z}{\partial x} + \frac{\partial v_x}{\partial z}\right)^2 - \frac{1}{4}\frac{\partial v_z}{\partial z}\left(\frac{\partial v_x}{\partial y} + \frac{\partial v_y}{\partial x}\right)^2 \\ \left. + \frac{1}{4}\left(\frac{\partial v_x}{\partial y} + \frac{\partial v_y}{\partial x}\right)\left(\frac{\partial v_y}{\partial z} + \frac{\partial v_z}{\partial x}\right)\cdot\left(\frac{\partial v_z}{\partial x} + \frac{\partial v_x}{\partial z}\right)\right] = 0.$$

Wir wollen nun diesem Ausdrucke eine einfachere Gestalt geben und zu diesem Zwecke einige Bezeichnungen von **Gibbs** einführen. Zunächst setzen wir

$$\frac{d\mathfrak{v}}{d\mathfrak{r}} = \Phi,$$

dann ist

$$\frac{\partial v_x}{\partial x} + \frac{\partial v_y}{\partial y} + \frac{\partial v_z}{\partial z} = \frac{d \cdot \mathfrak{v}}{d\mathfrak{r}} = \Phi_s.$$

Ferner ist die Determinante

$$\begin{vmatrix} \frac{\partial v_x}{\partial x} & \frac{\partial v_x}{\partial y} & \frac{\partial v_x}{\partial z} \\ \frac{\partial v_y}{\partial x} & \frac{\partial v_y}{\partial y} & \frac{\partial v_y}{\partial z} \\ \frac{\partial v_z}{\partial x} & \frac{\partial v_z}{\partial y} & \frac{\partial v_z}{\partial z} \end{vmatrix} = \frac{\Phi \overset{\times}{\times} \Phi : \Phi}{6} = \Phi_3.$$ [1]

[1] Über Doppelkreuz- und Doppelpunktprodukte siehe **Gibbs-Wilson**, Vektor-Analysis, S. 306.

Die Subdeterminanten von Φ_3 bezeichnen wir in folgender Weise:

$$\frac{\partial V_x}{\partial x} = \begin{vmatrix} \frac{\partial v_y}{\partial y} & \frac{\partial v_y}{\partial z} \\ \frac{\partial v_z}{\partial y} & \frac{\partial v_z}{\partial z} \end{vmatrix}, \quad \frac{\partial V_x}{\partial y} = \begin{vmatrix} \frac{\partial v_y}{\partial z} & \frac{\partial v_y}{\partial x} \\ \frac{\partial v_z}{\partial z} & \frac{\partial v_z}{\partial x} \end{vmatrix},$$

$$\frac{\partial V_y}{\partial x} = \begin{vmatrix} \frac{\partial v_z}{\partial y} & \frac{\partial v_z}{\partial z} \\ \frac{\partial v_x}{\partial y} & \frac{\partial v_x}{\partial z} \end{vmatrix} \ldots \text{ u. s. w.}$$

Dann ist:

$$\left.\begin{aligned} \Phi_3 = \frac{\Phi \overset{\times}{\times} \Phi}{2} = \frac{d\mathfrak{B}}{d\mathfrak{r}} = \frac{\partial V_x}{\partial x}\mathfrak{i}\mathfrak{i} &+ \frac{\partial V_x}{\partial y}\mathfrak{i}\mathfrak{j} + \frac{\partial V_x}{\partial z}\mathfrak{i}\mathfrak{k} \\ + \frac{\partial V_y}{\partial x}\mathfrak{j}\mathfrak{i} &+ \frac{\partial V_y}{\partial y}\mathfrak{j}\mathfrak{j} + \frac{\partial V_y}{\partial z}\mathfrak{j}\mathfrak{k} \\ + \frac{\partial V_z}{\partial x}\mathfrak{k}\mathfrak{i} &+ \frac{\partial V_z}{\partial y}\mathfrak{k}\mathfrak{j} + \frac{\partial V_z}{\partial z}\mathfrak{k}\mathfrak{k}. \end{aligned}\right\} \quad (32)$$

Um nun die obigen Bezeichnungen verwenden zu können, bringen wir den Koeffizienten von x^2 auf folgende Gestalt:

$$\left[\left(\frac{\partial v_x}{\partial x}\frac{\partial v_y}{\partial y} - \frac{\partial v_x}{\partial y}\frac{\partial v_y}{\partial x}\right) + \left(\frac{\partial v_y}{\partial y}\frac{\partial v_z}{\partial z} - \frac{\partial v_y}{\partial z}\frac{\partial v_z}{\partial y}\right) + \left(\frac{\partial v_z}{\partial z}\frac{\partial v_x}{\partial x} - \frac{\partial v_z}{\partial x}\frac{\partial v_x}{\partial z}\right)\right]$$
$$- \frac{1}{4}\left[\left(\frac{\partial v_x}{\partial y} - \frac{\partial v_y}{\partial x}\right)^2 + \left(\frac{\partial v_y}{\partial z} - \frac{\partial v_z}{\partial y}\right)^2 + \left(\frac{\partial v_z}{\partial x} - \frac{\partial v_x}{\partial z}\right)^2\right].$$

Der Ausdruck in der ersten eckigen Klammer bedeutet jetzt $\Phi_{3s} = d \cdot \mathfrak{B}/d\mathfrak{r}$, und der Ausdruck in der zweiten eckigen Klammer ist $\Phi_\times \cdot \Phi_\times = (d \times \mathfrak{v}/d\mathfrak{r})^2$. Der ganze Ausdruck ist daher gleich:

$$\Phi_{3s} - \tfrac{1}{4}\Phi_\times \cdot \Phi_\times .$$

Den Koeffizienten ohne x bringen wir schließlich auf die Form:

$$\left[\frac{\partial v_x}{\partial x}\left(\frac{\partial v_y}{\partial y}\frac{\partial v_z}{\partial z} - \frac{\partial v_y}{\partial z}\frac{\partial v_z}{\partial y}\right) + \frac{\partial v_x}{\partial y}\left(\frac{\partial v_y}{\partial z}\frac{\partial v_z}{\partial x} - \frac{\partial v_z}{\partial z}\frac{\partial v_y}{\partial x}\right)\right.$$
$$\left. + \frac{\partial v_x}{\partial z}\left(\frac{\partial v_y}{\partial x}\frac{\partial v_z}{\partial y} - \frac{\partial v_y}{\partial y}\frac{\partial v_z}{\partial x}\right)\right],$$

$$- \frac{1}{4}\left[\frac{\partial v_x}{\partial x}\left(\frac{\partial v_y}{\partial z} - \frac{\partial v_z}{\partial y}\right)^2 + \frac{\partial v_y}{\partial y}\left(\frac{\partial v_x}{\partial z} - \frac{\partial v_z}{\partial x}\right)^2 + \frac{\partial v_z}{\partial z}\left(\frac{\partial v_x}{\partial y} - \frac{\partial v_y}{\partial x}\right)^2\right.$$
$$+ \left(\frac{\partial v_z}{\partial x}\frac{\partial v_x}{\partial y} - \frac{\partial v_y}{\partial x}\frac{\partial v_x}{\partial z}\right)\left(\frac{\partial v_y}{\partial z} - \frac{\partial v_z}{\partial y}\right)$$
$$+ \left(\frac{\partial v_x}{\partial y}\frac{\partial v_y}{\partial z} - \frac{\partial v_z}{\partial y}\frac{\partial v_y}{\partial x}\right)\left(\frac{\partial v_z}{\partial x} - \frac{\partial v_x}{\partial z}\right)$$
$$\left. + \left(\frac{\partial v_y}{\partial z}\frac{\partial v_z}{\partial x} - \frac{\partial v_x}{\partial z}\frac{\partial v_z}{\partial y}\right)\left(\frac{\partial v_x}{\partial y} - \frac{\partial v_y}{\partial x}\right)\right].$$

Der Ausdruck in der ersten eckigen Klammer ist Φ_3 und der Ausdruck in der zweiten eckigen Klammer $-\Phi_{2\times} \cdot \Phi_\times$, daher der ganze Ausdruck

$$\Phi_3 - \Phi_{2\times} \cdot \Phi_\times .$$

Die kubische Gleichung lautet jetzt:

$$x^3 - \Phi_s x^2 + (\Phi_{2s} - \tfrac{1}{4} \Phi_\times \cdot \Phi_\times) x - (\Phi_3 - \tfrac{1}{4} \Phi_{2\times} \cdot \Phi_\times) = 0. \quad (33)$$

Für den Fall, daß

$$\frac{\partial v_x}{\partial y} = \frac{\partial v_y}{\partial x} \ldots,$$

also

$$\Phi_\times = 0 \quad \text{und} \quad \Phi_{2\times} = 0,$$

geht die Gleichung über in

$$x^3 - \Phi_s x^2 + \Phi_{2s} x - \Phi_3 = 0. \quad (34)$$

In dieser Form bildete sie schon wiederholt den Gegenstand von Untersuchungen.[1])

Führen wir in (33) und (34) statt Φ wieder die Differentialquotienten ein, so nehmen sie folgende Gestalt an:

$$\left.\begin{aligned} x^3 - \frac{d \cdot \mathfrak{v}}{d\mathfrak{r}} x^2 + \left(\frac{d \cdot \mathfrak{B}}{d\mathfrak{r}} - \frac{1}{4} \frac{d \times \mathfrak{v}}{d\mathfrak{r}} \cdot \frac{d \times \mathfrak{v}}{d\mathfrak{r}}\right) x & \\ - \left(\frac{1}{8} \frac{d\mathfrak{B}}{d\mathfrak{r}} : \frac{d\mathfrak{v}}{d\mathfrak{r}} - \frac{1}{4} \frac{d \times \mathfrak{B}}{d\mathfrak{r}} \cdot \frac{d \times \mathfrak{v}}{d\mathfrak{r}}\right) &= 0. \end{aligned}\right\} \quad (33')$$

$$x^3 - \frac{d \cdot \mathfrak{v}}{d\mathfrak{r}} x^2 + \frac{d \cdot \mathfrak{B}}{d\mathfrak{r}} x - \frac{1}{8} \frac{d\mathfrak{B}}{d\mathfrak{r}} : \frac{d\mathfrak{v}}{d\mathfrak{r}} = 0. \quad (34')$$

Wir wollen nun auch den äußeren partiellen Differentialquotienten in derselben Weise aus (10) ableiten, wie den inneren. Zu diesem Zwecke stellen wir zunächst folgende Beziehungen auf:

$$\begin{aligned} \mathfrak{i} \times \mathfrak{r}_1 &= \mathfrak{i}\, x\, (\cos(xr)\, \mathfrak{i} + \cos(yr)\, \mathfrak{j} + \cos(zr)\, \mathfrak{k}) \\ \mathfrak{i} \times \mathfrak{r}_1 &= \cos(yr)\, \mathfrak{k} - \cos(zr)\, \mathfrak{j} \\ \mathfrak{j} \times \mathfrak{r}_1 &= \cos(zr)\, \mathfrak{i} - \cos(xr)\, \mathfrak{k} \\ \mathfrak{k} \times \mathfrak{r}_1 &= \cos(xr)\, \mathfrak{j} - \cos(yr)\, \mathfrak{i}. \end{aligned}$$

Führen wir dies in (10) ein und ordnen die Glieder in entsprechender Weise, so ergibt sich:

---

[1]) Siehe Gibbs-Wilson, Vektor-Analysis. Hamilton, Elemente der Quaternionen.

$$
\left.
\begin{aligned}
\frac{\partial\times\mathfrak{v}}{\partial\mathfrak{r}} = & \left(\frac{\partial v_y}{\partial z}\cos^2(zr) - \frac{\partial v_z}{\partial y}\cos^2(yr)\right)\mathfrak{i} \\
& + \left(\frac{\partial v_z}{\partial x}\cos^2(xr) - \frac{\partial v_x}{\partial z}\cos^2(zr)\right)\mathfrak{j} \\
& + \left(\frac{\partial v_x}{\partial y}\cos^2(yr) - \frac{\partial v_y}{\partial x}\cos^2(xr)\right)\mathfrak{k} \\
& + \left(\frac{\partial v_y}{\partial x}\cos(zr) - \frac{\partial v_z}{\partial x}\cos(yr)\right)\cos(xr)\,\mathfrak{i} \\
& + \left(\frac{\partial v_z}{\partial y}\cos(xr) - \frac{\partial v_x}{\partial y}\cos(zr)\right)\cos(yr)\,\mathfrak{j} \\
& + \left(\frac{\partial v_x}{\partial z}\cos(yr) - \frac{\partial v_y}{\partial z}\cos(xr)\right)\cos(zr)\,\mathfrak{k} \\
& + \left(\frac{\partial v_y}{\partial y} - \frac{\partial v_z}{\partial z}\right)\cos(zr)\cos(yr)\,\mathfrak{i} \\
& + \left(\frac{\partial v_z}{\partial z} - \frac{\partial v_x}{\partial x}\right)\cos(xr)\cos(zr)\,\mathfrak{j} \\
& + \left(\frac{\partial v_x}{\partial x} - \frac{\partial v_y}{\partial y}\right)\cos(yr)\cos(xr)\,\mathfrak{k}.
\end{aligned}
\right\} \quad (35)
$$

Den skalaren Wert von $\partial\times\mathfrak{v}/\partial\mathfrak{r}$ erhalten wir aus (35), indem wir $\partial\times\mathfrak{v}/\partial\mathfrak{r}\cdot\partial\times\mathfrak{v}/\partial\mathfrak{r}$ bilden und daraus die Wurzel ziehen.

Wir erkennen hier wieder, daß, wenn wir uns unter $\mathfrak{v}$ einen Verschiebungsvektor vorstellen, dann die drei Komponenten des äußeren partiellen Differentialquotienten nichts anderes sind, als die in dem Weyrauchschen Buche[1]) unter der Voraussetzung kleiner Transversalverschiebungen mit $i_x\, i_y\, i_z$ bezeichneten Drehungskomponenten.

In der Anwendung auf besondere Fälle wird es oft vorteilhaft sein, von den Beziehungen (30a) Gebrauch zu machen. Die Gleichungen (31) und (35) lauten dann:

$$
\left.
\begin{aligned}
\frac{\partial\cdot\mathfrak{v}}{\partial\mathfrak{r}} = & \,\mathfrak{i}\cdot\frac{d\mathfrak{v}}{d\mathfrak{r}}\cdot\mathfrak{i}\cos^2(xr) + \mathfrak{j}\cdot\frac{d\mathfrak{v}}{d\mathfrak{r}}\cdot\mathfrak{j}\cos^2(yr) + \mathfrak{k}\cdot\frac{d\mathfrak{v}}{d\mathfrak{r}}\cdot\mathfrak{k}\cos^2(zr) \\
& + \left(\mathfrak{i}\cdot\frac{d\mathfrak{v}}{d\mathfrak{r}}\cdot\mathfrak{j} + \mathfrak{j}\cdot\frac{d\mathfrak{v}}{d\mathfrak{r}}\cdot\mathfrak{i}\right)\cos(xr)\cos(yr) \\
& + \left(\mathfrak{j}\cdot\frac{d\mathfrak{v}}{d\mathfrak{r}}\cdot\mathfrak{k} + \mathfrak{k}\cdot\frac{d\mathfrak{v}}{d\mathfrak{r}}\cdot\mathfrak{j}\right)\cos(yr)\cos(zr) \\
& + \left(\mathfrak{k}\cdot\frac{d\mathfrak{v}}{d\mathfrak{r}}\cdot\mathfrak{i} + \mathfrak{i}\cdot\frac{d\mathfrak{v}}{d\mathfrak{r}}\cdot\mathfrak{k}\right)\cos(zr)\cos(xr) \;.
\end{aligned}
\right\} \quad (31\,\text{a})
$$

---

[1]) Weyrauch, Theorie elastischer Körper. S. 12.

$$\left.\begin{aligned}
\frac{\partial\times\mathfrak{v}}{\partial\mathfrak{r}} = & \left[\mathfrak{j}\cdot\frac{d\mathfrak{v}}{d\mathfrak{r}}\cdot\mathfrak{k}\cos^2(z\,r)-\mathfrak{k}\cdot\frac{d\mathfrak{v}}{d\mathfrak{r}}\cdot\mathfrak{j}\cos^2(y\,r)\right]\mathfrak{i}\\
& +\left[\mathfrak{k}\cdot\frac{d\mathfrak{v}}{d\mathfrak{r}}\cdot\mathfrak{i}\cos^2(x\,r)-\mathfrak{i}\cdot\frac{d\mathfrak{v}}{d\mathfrak{r}}\cdot\mathfrak{k}\cos^2(z\,r)\right]\mathfrak{j}\\
& +\left[\mathfrak{i}\cdot\frac{d\mathfrak{v}}{d\mathfrak{r}}\cdot\mathfrak{j}\cos^2(y\,r)-\mathfrak{j}\cdot\frac{d\mathfrak{v}}{d\mathfrak{r}}\cdot\mathfrak{i}\cos^2(x\,r)\right]\mathfrak{k}\\
& +\left[\mathfrak{j}\cdot\frac{d\mathfrak{v}}{d\mathfrak{r}}\cdot\mathfrak{i}\cos\,(z\,r)-\mathfrak{k}\cdot\frac{d\mathfrak{v}}{d\mathfrak{r}}\cdot\mathfrak{i}\cos\,(y\,r)\right]\cos\,(x\,r)\,\mathfrak{i}\\
& +\left[\mathfrak{k}\cdot\frac{d\mathfrak{v}}{d\mathfrak{r}}\cdot\mathfrak{j}\cos\,(x\,r)-\mathfrak{i}\cdot\frac{d\mathfrak{v}}{d\mathfrak{r}}\cdot\mathfrak{j}\cos\,(z\,r)\right]\cos\,(y\,r)\,\mathfrak{j}\\
& +\left[\mathfrak{i}\cdot\frac{d\mathfrak{v}}{d\mathfrak{r}}\cdot\mathfrak{k}\cos\,(y\,r)-\mathfrak{j}\cdot\frac{d\mathfrak{v}}{d\mathfrak{r}}\cdot\mathfrak{k}\cos\,(x\,r)\right]\cos\,(z\,r)\,\mathfrak{k}\\
& +\left(\mathfrak{j}\cdot\frac{d\mathfrak{v}}{d\mathfrak{r}}\cdot\mathfrak{j}-\mathfrak{k}\cdot\frac{d\mathfrak{v}}{d\mathfrak{r}}\cdot\mathfrak{k}\right)\cos(z\,r)\cos(y\,r)\,\mathfrak{i}\\
& +\left(\mathfrak{k}\cdot\frac{d\mathfrak{v}}{d\mathfrak{r}}\cdot\mathfrak{k}-\mathfrak{i}\cdot\frac{d\mathfrak{v}}{d\mathfrak{r}}\cdot\mathfrak{i}\right)\cos(x\,r)\cos\,(z\,r)\,\mathfrak{j}\\
& +\left(\mathfrak{i}\cdot\frac{d\mathfrak{v}}{d\mathfrak{r}}\cdot\mathfrak{i}-\mathfrak{j}\cdot\frac{d\mathfrak{v}}{d\mathfrak{r}}\cdot\mathfrak{j}\right)\cos(y\,r)\cos(x\,r)\,\mathfrak{k}.
\end{aligned}\right\}\quad(35\,\text{a})$$

Es läßt sich $\partial\cdot\mathfrak{v}/\partial\mathfrak{r}$ und $\partial\times\mathfrak{v}/\partial\mathfrak{r}$ noch auf eine andere Art ausdrücken. Beachten wir nämlich, daß

$$\mathfrak{r}_1 = \frac{dx}{dr}\mathfrak{i} + \frac{dy}{dr}\mathfrak{j} + \frac{dz}{dr}\mathfrak{k},$$

so können wir Gleichung (10) auch schreiben:

$$\frac{\partial\mathfrak{v}}{\partial\mathfrak{r}} = \left(\mathfrak{i}\frac{\partial v_x}{\partial r} + \mathfrak{j}\frac{\partial v_y}{\partial r} + \mathfrak{k}\frac{\partial v_z}{\partial r}\right)\left(\frac{dx}{dr}\mathfrak{i} + \frac{dy}{dr}\mathfrak{j} + \frac{dz}{dr}\mathfrak{k}\right),$$

daraus folgt:

$$\frac{\partial\cdot\mathfrak{v}}{\partial\mathfrak{r}} = \frac{\partial v_x}{\partial r}\frac{dx}{dr} + \frac{\partial v_y}{\partial r}\frac{dy}{dr} + \frac{\partial v_z}{\partial r}\frac{dz}{dr} \tag{36}$$

$$\left.\begin{aligned}
\frac{\partial\times\mathfrak{v}}{\partial r} = & \left(\frac{\partial v_y}{\partial r}\frac{dz}{dr} - \frac{d v_z}{dr}\frac{dy}{dr}\right)\mathfrak{i}\\
& +\left(\frac{\partial v_z}{\partial r}\frac{dx}{dr} - \frac{\partial v_x}{\partial r}\frac{dz}{dr}\right)\mathfrak{j}\\
& +\left(\frac{\partial v_x}{\partial r}\frac{dy}{dr} - \frac{\partial v_y}{\partial r}\frac{dx}{dr}\right)\mathfrak{k}.
\end{aligned}\right\}\quad(37)$$

Durch weitere Ausführung von (36) und (37) würden wir wieder auf die Ausdrücke (31) und (35) gelangen.

Aus (37) ergibt sich für

$$\frac{\partial\times\mathfrak{v}}{\partial\mathfrak{r}} = 0$$

die Bedingung:

$$\frac{\partial v_x}{\partial r} : \frac{\partial v_y}{\partial r} : \frac{\partial v_z}{\partial r} = \frac{dx}{dr} : \frac{dy}{dr} : \frac{dz}{dr}.$$

Wollen wir schließlich noch den skalaren Wert von $\partial \mathfrak{v} / \partial r$ finden, so können wir zunächst den Ausdruck (13) quadrieren,[1] und erhalten dann

$$\frac{\partial \mathfrak{v}}{\partial \mathfrak{r}} \cdot \frac{\partial \mathfrak{v}}{\partial \mathfrak{r}} = \left(\frac{\partial v_x}{\partial r}\right)^2 + \left(\frac{\partial v_y}{\partial r}\right)^2 + \left(\frac{\partial v_z}{\partial r}\right)^2. \tag{38}$$

Wir können aber auch den Ausdruck (19) quadrieren und bekommen:

$$\left.\begin{aligned}\frac{\partial \mathfrak{v}}{\partial \mathfrak{r}} \cdot \frac{\partial \mathfrak{v}}{\partial \mathfrak{r}} = \frac{\partial \mathfrak{v}}{\partial x} \cdot \frac{\partial \mathfrak{v}}{\partial x} \left(\frac{dx}{dr}\right)^2 + \frac{\partial \mathfrak{v}}{\partial y} \cdot \frac{\partial \mathfrak{v}}{\partial y} \left(\frac{dy}{dr}\right)^2 + \frac{\partial \mathfrak{v}}{\partial z} \cdot \frac{\partial \mathfrak{v}}{\partial z} \left(\frac{dz}{dr}\right)^2 \\ + 2 \frac{\partial \mathfrak{v}}{\partial x} \cdot \frac{\partial \mathfrak{v}}{\partial y} \frac{dx}{dr} \frac{dy}{dr} + 2 \frac{\partial \mathfrak{v}}{\partial y} \cdot \frac{\partial \mathfrak{v}}{\partial z} \frac{dy}{dr} \frac{dz}{dr} \\ + 2 \frac{\partial \mathfrak{v}}{\partial z} \cdot \frac{\partial \mathfrak{v}}{\partial x} \frac{dz}{dr} \frac{dx}{dr}.\end{aligned}\right\} \tag{39}$$

Wir könnten nun die beiden Ausdrücke (38) und (39) in derselben Weise weiter ausdehnen, wie dies in (31) und (35) geschehen ist. Ferner würden wir auch hier erkennen, wenn wir uns unter $\mathfrak{v}$ einen Verschiebungsvektor denken, und für die partiellen Differentialquotienten wieder die Weyrauchschen Bezeichnungen einführen, daß $\partial \mathfrak{v} / \partial r$ nichts anderes ist, als die Totalverschiebung nach einer beliebigen Richtung $\mathfrak{r}_1$.

Wir wollen nun noch zwei bekannte einfache Beispiele in unserem Sinne betrachten. Es sei zunächst ein ebenes Newtonsches Feld gegeben

$$\mathfrak{v} = \frac{1}{r^2} \mathfrak{r}_1.$$

In diesem Falle ist der Aufgabe am meisten angepaßt, wenn man einmal in der Richtung von $\mathfrak{r}$, das andere Mal senkrecht dazu differenziert. Im ersten Falle ändert sich bloß die Größe von $\mathfrak{v}$ bei konstanter Richtung, im zweiten Falle die Richtung bei konstanter Größe. Wir wollen diese beiden Richtungen

[1]) Wir meinen dabei natürlich das innere Quadrat, da das äußere Quadrat 0 ist.

mit $\mathfrak{r}_1$ und $\mathfrak{s}_1$ bezeichnen, und unter $\partial\varphi$ die Richtungsänderung verstehen. Es ist dann:

$$\frac{\partial \mathfrak{v}}{\partial r} = \frac{\partial\left(\frac{1}{r^2}\right)}{\partial r}\mathfrak{r}_1 = -\frac{2}{r^3}\mathfrak{r}_1\,,$$

$$\frac{\partial \mathfrak{v}}{\partial s} = \frac{1}{r^2}\frac{\partial \mathfrak{r}_1}{\partial s} = \frac{1}{r^2}\frac{\partial \varphi}{r\,\partial \varphi}\mathfrak{s}_1 = \frac{1}{r^3}\mathfrak{s}_1\,.$$

Daher ist

$$\frac{d\mathfrak{v}}{d\mathfrak{r}} = \frac{\partial \mathfrak{v}}{\partial \mathfrak{r}} + \frac{\partial \mathfrak{v}}{\partial \mathfrak{s}} = -\frac{2}{r^3}\mathfrak{r}_1\mathfrak{r}_1 + \frac{1}{r^3}\mathfrak{s}_1\mathfrak{s}_1\,,$$

$$\frac{d\cdot\mathfrak{v}}{d\mathfrak{r}} = \frac{\partial\cdot\mathfrak{v}}{\partial \mathfrak{r}} + \frac{\partial\cdot\mathfrak{v}}{\partial \mathfrak{s}} = -\frac{2}{r^3} + \frac{1}{r^3} = -\frac{1}{r^3}\,,$$

$$\frac{d\times\mathfrak{v}}{d\mathfrak{r}} = \frac{\partial\times\mathfrak{v}}{\partial \mathfrak{r}} + \frac{\partial\times\mathfrak{v}}{\partial \mathfrak{s}} = 0\,.$$

Es ist uns daher in jedem Punkte des Feldes eine Ellipse gegeben, deren halbe große und kleine Achse gleich ist $2/r^3$ und $1/r^3$. Ihre Richtungen fallen mit $-\mathfrak{r}_1$ und $\mathfrak{s}_1$ zusammen, und die große Achse ist doppelt so lang als die kleine Achse.

Den partiellen Differentialquotienten nach irgend einer beliebigen Richtung $\mathfrak{x}_1$ finden wir z. B. aus (19). Es ist:

$$\begin{aligned}\frac{\partial \mathfrak{v}}{\partial x} &= \frac{\partial \mathfrak{v}}{\partial r}\frac{d r}{d x} + \frac{\partial \mathfrak{v}}{\partial s}\frac{d s}{d x}\\ &= -\frac{2}{r^3}\frac{d r}{d x}\mathfrak{r}_1 + \frac{1}{r^3}\frac{d s}{d x}\mathfrak{s}_1\\ &= -\frac{2}{r^3}\cos(r\,x)\,\mathfrak{r}_1 + \frac{1}{r^3}\cos(s\,x)\,\mathfrak{s}_1\end{aligned}$$

und

$$\frac{\partial \mathfrak{v}}{\partial \mathfrak{x}} = -\frac{2}{r^3}\cos(r\,x)\,\mathfrak{r}_1\mathfrak{x}_1 + \frac{1}{r^3}\cos(s\,x)\,\mathfrak{s}_1\mathfrak{x}_1\,.$$

Der partielle innere Differentialquotient ist daher:

$$\begin{aligned}\frac{\partial\cdot\mathfrak{v}}{\partial \mathfrak{x}} &= -\frac{2}{r^3}\cos(r\,x)\,\mathfrak{r}_1\cdot\mathfrak{x}_1 + \frac{1}{r^3}\cos(s\,x)\,\mathfrak{s}_1\cdot\mathfrak{x}_1\\ &= -\frac{2}{r^3}\cos^2(r\,x) + \frac{1}{r^3}\cos^2(s\,x)\,.\end{aligned}$$

Bezeichnen wir die Richtung senkrecht zu $\mathfrak{r}_1$ und $\mathfrak{s}_1$ mit $\mathfrak{t}_1$, so ist der äußere partielle Differentialquotient

$$\frac{\partial \times \mathfrak{v}}{\partial \mathfrak{x}} = -\frac{2}{r^3}\cos(r\,x)\,\mathfrak{r}_1 \times \mathfrak{x}_1 + \frac{1}{r^3}\cos(s\,x)\,\mathfrak{s}_1 \times \mathfrak{x}_1$$

$$= -\frac{2}{r^3}\cos(r\,x)\sin(r\,x)\,\mathfrak{t}_1 - \frac{1}{r^3}\cos(s\,x)\sin(s\,x)\,\mathfrak{t}_1$$

$$= -\frac{3\sin 2(r\,x)}{2\,r^3}\,\mathfrak{t}_1\,.\text{[1)]}$$

Alle diese Größen finden wir aber auch graphisch, indem wir uns eine Ellipse für $r = 1$ maßstäblich aufzeichnen. Die Werte für einen beliebigen Punkt im Felde erhalten wir dann, indem wir die entsprechenden, durch Zeichnung gefundenen Größen in jener Ellipse mit $1/r^3$ multiplizieren.

Ist $\mathfrak{v}$ eine elektrische oder magnetische Kraft, so erhalten wir auf diese Weise sämtliche Größen, welche sich aus der Änderung dieser Kräfte ergeben.

Im räumlichen Felde kommt außer $\mathfrak{r}_1$ und $\mathfrak{s}_1$ noch eine dritte zu diesen beiden senkrechte Differentiationsrichtung $\mathfrak{t}_1$ hinzu, bei der sich wie bei $\mathfrak{s}_1$ nur die Richtung von $\mathfrak{v}$ ändert. Es ist daher wieder:

$$\frac{\partial \mathfrak{v}}{\partial t} = \frac{1}{r^2}\frac{\partial \mathfrak{r}_1}{\partial t} = \frac{1}{r^2}\frac{\partial \varphi}{r\,\partial \varphi}\mathfrak{t}_1 = \frac{1}{r^3}\mathfrak{t}_1.$$

Nun wird:

$$\frac{d\,\mathfrak{v}}{d\,\mathfrak{r}} = -\frac{2}{r^3}\mathfrak{r}_1\,\mathfrak{r}_1 + \frac{1}{r^3}\mathfrak{s}_1\,\mathfrak{s}_1 + \frac{1}{r^3}\mathfrak{t}_1\,\mathfrak{t}_1,$$

$$\frac{d\cdot\mathfrak{v}}{d\,\mathfrak{r}} = -\frac{2}{r^3} + \frac{1}{r^3} + \frac{1}{r^3} = 0,$$

$$\frac{d\times\mathfrak{v}}{d\,\mathfrak{r}} = 0.$$

Der totale Differentialquotient von $\mathfrak{v}$ ist uns jetzt in jedem Punkte durch ein Rotationsellipsoid gegeben, dessen eine Achse doppelt so groß ist als die beiden gleichen Achsen. Die partiellen Differentialquotienten kann man wieder in ähnlicher Weise durch Rechnung und Konstruktion finden, wie beim ebenen Feld. Es empfiehlt sich, dabei die Formeln (31 a) und (35 a) zu benutzen. Man kann auch hier wieder von einem fixen Achsenkreuz ausgehen.

---

1) Zu denselben Resultaten wären wir auch gekommen, wenn wir die Rechnung in der üblichen Weise in bezug auf ein fixes Achsenkreuz durchgeführt hätten.

Als nächstes Beispiel wählen wir einen um eine feste Achse rotierenden Körper. Der Vektor $\mathfrak{v}$ ist jetzt die Geschwindigkeit, und wenn ω die Winkelgeschwindigkeit bedeutet, und $\mathfrak{s}_1 \perp \mathfrak{r}_1$ ist, so ist

$$\mathfrak{v} = r\,\omega\,\mathfrak{s}_1 .$$

Wir haben es wieder mit einem ebenen Problem zu tun und differenzieren einmal in der Richtung $\mathfrak{r}_1$ des Radius und das andere Mal in der Richtung $\mathfrak{s}_1$ senkrecht dazu. Im ersten Falle ändert sich nur die Größe, im zweiten Falle nur die Richtung von $\mathfrak{v}$.

Wir erhalten also:

$$\frac{\partial \mathfrak{v}}{\partial r} = \frac{\partial (r\,\omega)}{\partial r}\mathfrak{s}_1 = \omega\,\mathfrak{s}_1 ,$$

$$\frac{\partial \mathfrak{v}}{\partial s} = r\,\omega \frac{\partial \mathfrak{s}_1}{\partial s} = r\,\omega \frac{-\mathfrak{r}_1\,\partial \varphi}{r\,\partial \varphi} = -\,\omega\,\mathfrak{r}_1 .$$

Daher ist, wenn wir unter $\mathfrak{t}_1$ eine Richtung senkrecht zu $\mathfrak{r}_1$ und $\mathfrak{s}_1$ verstehen:

$$\frac{d\,\mathfrak{v}}{d\,\mathfrak{r}} = \frac{\partial \mathfrak{v}}{\partial \mathfrak{r}} + \frac{\partial \mathfrak{v}}{\partial \mathfrak{s}} = \omega\,\mathfrak{s}_1\,\mathfrak{r}_1 - \omega\,\mathfrak{r}_1\,\mathfrak{s}_1 ,$$

$$\frac{d \cdot \mathfrak{v}}{d\,\mathfrak{r}} = \frac{\partial \cdot \mathfrak{v}}{\partial \mathfrak{r}} + \frac{\partial \cdot \mathfrak{v}}{\partial \mathfrak{s}} = \omega - \omega = 0 ,$$

$$\frac{d \times \mathfrak{v}}{d\,\mathfrak{r}} = \frac{\partial \times \mathfrak{v}}{\partial \mathfrak{r}} + \frac{\partial \times \mathfrak{v}}{\partial \mathfrak{s}} = \omega\,\mathfrak{t}_1 + \omega\,\mathfrak{t}_1 = 2\,\omega\,\mathfrak{t}_1 .$$

Wir erkennen daraus folgendes. Der Differentialquotient $d\,\mathfrak{v}/d\,\mathfrak{r}$ ist uns in jedem Punkte des Feldes durch einen Kreis vom Radius ω gegeben. Dieser Kreis ist in bezug auf das Achsenkreuz $\mathfrak{r}_1\,\mathfrak{s}_1$ derart orientiert, daß $\partial\,\mathfrak{v}/\partial\,r$ in die Richtung $\mathfrak{s}_1$ und $\partial\,\mathfrak{v}/\partial\,s$ in die Richtung $-\,\mathfrak{r}_1$ fällt.

Aus (16) finden wir für den partiellen Differentialquotienten nach irgend einer beliebigen Richtung $\mathfrak{x}_1$

$$\frac{\partial \mathfrak{v}}{\partial \mathfrak{x}} = \left(\frac{d\,\mathfrak{v}}{d\,\mathfrak{r}} \cdot \mathfrak{x}_1\right)\mathfrak{x}_1 = \omega \cos(r\,x)\,\mathfrak{s}_1\,\mathfrak{x}_1 - \omega \cos(s\,x)\,\mathfrak{r}_1\,\mathfrak{x}_1 ,$$

$$\frac{\partial \cdot \mathfrak{v}}{\partial \mathfrak{x}} = \omega \cos(r\,x)\cos(s\,x) - \omega\,(\cos(s\,x)\cos(r\,x) = 0 ,$$

$$\frac{\partial \times \mathfrak{v}}{\partial \mathfrak{x}} = \left(\omega \cos(r\,x)\sin(s\,x) + \omega \cos(s\,x)\sin(r\,x)\right)\mathfrak{t}_1 = \omega\,\mathfrak{t}_1 .$$

Es ist daher jeder beliebige partielle Differentialquotient gegeben durch einen rechten Winkel, von dem ein Schenkel gleich der Einheit und der andere Schenkel gleich ω ist, so daß wir durch bloße Drehung des Winkels von einem Differentialquotienten zum anderen gelangen.

Dasselbe Resultat können wir anstatt durch Rechnung auch durch Zeichnung finden.

Das Ellipsoidfeld. Wenn wir nun von den Vektoren auf die „dyadic" übergehen, so tritt wieder genau so wie beim Übergang der Skalar- auf die Vektorfelder eine entsprechende Verallgemeinerung der früher erhaltenen Ausdrücke ein. Das betrachtete Feld sei eindeutig, stetig und endlich; dann entspricht jedem Punkte desselben eine bestimmte dyadic. Wir schreiben dieselbe in Analogie zum Vektor:

$$\Phi = f(\mathfrak{r}) = \mathfrak{v}_x \mathfrak{i} + \mathfrak{v}_y \mathfrak{j} + \mathfrak{v}_z \mathfrak{k}.$$

Dann ist uns in jedem Punkte des Feldes ein Ellipsoid mit den konjugierten Halbmessern $\mathfrak{v}_x$, $\mathfrak{v}_y$ und $\mathfrak{v}_z$ gegeben, weshalb wir dasselbe auch als Ellipsoidfeld bezeichnen können, oder mit Rücksicht auf den Fall, daß die Bedingung der Endlichkeit nicht erfüllt ist, allgemeiner als Feld zweiten Grades.

Wir können dieselbe dyadic aber auch schreiben:

$$\Phi = \mathfrak{i}\,\mathfrak{u}_x + \mathfrak{j}\,\mathfrak{u}_y + \mathfrak{k}\,\mathfrak{u}_z.$$

Dann sind $\mathfrak{u}_x$, $\mathfrak{u}_y$, $\mathfrak{u}_z$ die konjugierten Halbmesser des zweiten Ellipsoids von Φ, bzw. des ersten der konjugierten dyadic Φ_c. Diese Zweiwertigkeit wurde bereits früher erwähnt.

Es sind also durch eine dyadic und ihre Reziproke im allgemeinen stets zwei Felder bestimmt; nur ist in beiden Fällen die Reihenfolge verschieden. Es ist:

$$\Phi \cdot \mathfrak{r}_1 = \mathfrak{r}_1 \cdot \Phi_c,$$

$$\mathfrak{r}_1 \cdot \Phi = \Phi_c \cdot \mathfrak{r}_1.$$

Für selbstkonjugierte dyadic gehen beide Felder in ein einziges über.

Ellipsoidfelder kommen in der Physik sehr häufig vor, so z. B. in der Theorie elastischer Körper.[1]) Voigt nennt sie

---

[1]) Siehe meine Abhandlung: Darstellung der Bewegungsgleichung für elastische Körper in Vektorform. Journ. f. r. u. ang. Math. Bd. 126.

Tensorfelder, doch scheint mir diese Bezeichnung zu speziell und wurde sie bereits von Hamilton in einem anderen Sinne gebraucht. Föppl schlägt den Namen Hypervektorfelder vor. Ich finde auch diesen Namen nicht recht glücklich, da es sich nicht mehr um Vektoren, sondern um deren Produkte handelt. Ich würde als allgemeine Bezeichnung vorschlagen:

Skalarfeld	Feld	0ten	Grades
Vektorfeld	„	1ten	„
Dyadic(Ellipsoid-)feld . .	„	2ten	„
Triadicfeld	„	3ten	„

u. s. w.

Die Beziehungen im Ellipsoidfeld Φ decken sich mit jenen von $d\mathfrak{v}/d\mathfrak{r}$. Wir wollen sie daher nicht wieder entwickeln. Durch Differentiation von Φ erhalten wir eine triadic, kommen daher wieder zu dem nächsthöheren Feld. Auch diese Felder spielen eine Rolle in der Physik, so z. B. ist der Ausdruck $d\cdot\Phi/d\mathfrak{r}$ in der Elastizitätstheorie von Bedeutung.[1])

Setzen wir nun analog wie im Vektorfelde

$$\mathfrak{v}_x\mathfrak{i} = \Phi_x, \quad \mathfrak{v}_y\mathfrak{j} = \Phi_y, \quad \mathfrak{v}_z\mathfrak{k} = \Phi_z,$$

so wird

$$\Phi = \Phi_x + \Phi_y + \Phi_z,$$

daher

$$\frac{\partial\Phi}{\partial\mathfrak{r}} = \frac{\partial\Phi_x}{\partial\mathfrak{r}} + \frac{\partial\Phi_y}{\partial\mathfrak{r}} + \frac{\partial\Phi_z}{\partial\mathfrak{r}} \tag{40}$$

und

$$\frac{\partial\Phi}{\partial r} = \frac{\partial\mathfrak{v}_x}{\partial r}\mathfrak{i} + \frac{\partial\mathfrak{v}_y}{\partial r}\mathfrak{j} + \frac{\partial\mathfrak{v}_z}{\partial r}\mathfrak{k}. \tag{41}$$

Für den inneren partiellen Differentialquotienten folgt:

$$\frac{\partial\cdot\Phi}{\partial\mathfrak{r}} = \frac{\partial\Phi}{\partial r}\cdot\mathfrak{r}_1 = \frac{\partial\cdot\Phi_x}{\partial\mathfrak{r}} + \frac{\partial\cdot\Phi_y}{\partial\mathfrak{r}} + \frac{\partial\cdot\Phi_z}{\partial\mathfrak{r}} \tag{42}$$

oder

$$\frac{\partial\cdot\Phi}{\partial\mathfrak{r}} = \frac{\partial\mathfrak{v}_x}{\partial r}(\mathfrak{i}\cdot\mathfrak{r}_1) + \frac{\partial\mathfrak{v}_y}{\partial r}(\mathfrak{j}\cdot\mathfrak{r}_1) + \frac{\partial\mathfrak{v}_z}{\partial r}(\mathfrak{k}\cdot\mathfrak{r}_1). \tag{42'}$$

Wir können hier auch noch den Ausdruck bilden:

$$\mathfrak{r}_1\cdot\frac{\partial\Phi}{\partial r} = \mathfrak{r}_1\cdot\frac{\partial\mathfrak{v}_x}{\partial r}\mathfrak{i} + \mathfrak{r}_1\cdot\frac{\partial\mathfrak{v}_y}{\partial r}\mathfrak{j} + \mathfrak{r}_1\cdot\frac{\partial\mathfrak{v}_z}{\partial r}\mathfrak{k}, \tag{43}$$

[1]) Siehe meine Abhandlung: Darst. d. Bewegungsgl. f. elast. K.

daher

$$\mathfrak{r}_1 \cdot \frac{\partial \Phi}{\partial r} = \frac{\partial \cdot \mathfrak{v}_x}{\partial \mathfrak{r}} \mathfrak{i} + \frac{\partial \cdot \mathfrak{v}_y}{\partial \mathfrak{r}} \mathfrak{j} + \frac{\partial \cdot \mathfrak{v}_z}{\partial \mathfrak{r}} \mathfrak{k}. \tag{43'}$$

Ferner gilt für den äußeren partiellen Differentialquotienten:

$$\frac{\partial \times \Phi}{\partial \mathfrak{r}} = \frac{\partial \Phi}{\partial r} \times \mathfrak{r}_1 = \frac{\partial \times \Phi_x}{\partial \mathfrak{r}} + \frac{\partial \times \Phi_y}{\partial \mathfrak{r}} + \frac{\partial \times \Phi_z}{\partial \mathfrak{r}} \tag{44}$$

oder

$$\frac{\partial \times \Phi}{\partial \mathfrak{r}} = \frac{\partial \mathfrak{v}_x}{\partial r}(\mathfrak{i} \times \mathfrak{r}_1) + \frac{\partial \mathfrak{v}_y}{\partial r}(\mathfrak{j} \times \mathfrak{r}_1) + \frac{\partial \mathfrak{v}_z}{\partial r}(\mathfrak{k} \times \mathfrak{r}_1). \tag{44'}$$

Auch hier können wir wieder den Ausdruck bilden:

$$\left.\begin{aligned} \mathfrak{r}_1 \times \frac{\partial \Phi}{\partial r} &= \mathfrak{r}_1 \times \frac{\partial \mathfrak{v}_x}{\partial r} \mathfrak{i} + \mathfrak{r}_1 \times \frac{\partial \mathfrak{v}_y}{\partial r} \mathfrak{j} + \mathfrak{r}_1 \times \frac{\partial \mathfrak{v}_z}{\partial r} \mathfrak{k} \\ &= -\left(\frac{\partial \times \mathfrak{v}_x}{\partial \mathfrak{r}} \mathfrak{i} + \frac{\partial \times \mathfrak{v}_y}{\partial \mathfrak{r}} \mathfrak{j} + \frac{\partial \times \mathfrak{v}_z}{\partial \mathfrak{r}} \mathfrak{k}\right). \end{aligned}\right\} \tag{45}$$

Ebenso erhalten wir wie früher aus (40) die Ausdrücke:

$$\frac{\partial \Phi}{\partial r} = \frac{\partial \Phi}{\partial x} \frac{d x}{d r} + \frac{\partial \Phi}{\partial y} \frac{d y}{d r} + \frac{\partial \Phi}{\partial z} \frac{d z}{d r}, \tag{46}$$

$$\frac{\partial \cdot \Phi}{\partial \mathfrak{r}} = \frac{\partial \Phi}{\partial x} \cdot \frac{d x}{d \mathfrak{r}} + \frac{\partial \Phi}{\partial y} \cdot \frac{d y}{d \mathfrak{r}} + \frac{\partial \Phi}{\partial z} \cdot \frac{d z}{d \mathfrak{r}}, \tag{47}$$

$$\frac{\partial \times \Phi}{\partial \mathfrak{r}} = \frac{\partial \Phi}{\partial x} \times \frac{d x}{d \mathfrak{r}} + \frac{\partial \Phi}{\partial y} \times \frac{d y}{d \mathfrak{r}} + \frac{\partial \Phi}{\partial z} \times \frac{d z}{d \mathfrak{r}}. \tag{48}$$

Für die totalen Differentialquotienten erhalten wir in der ersten Form:

$$\frac{d \Phi}{d \mathfrak{r}} = \frac{d \Phi_x}{d \mathfrak{r}} + \frac{d \Phi_y}{d \mathfrak{r}} + \frac{d \Phi_z}{d \mathfrak{r}}, \tag{49}$$

$$\frac{d \cdot \Phi}{d \mathfrak{r}} = \frac{d \cdot \Phi_x}{d \mathfrak{r}} + \frac{d \cdot \Phi_y}{d \mathfrak{r}} + \frac{d \cdot \Phi_z}{d \mathfrak{r}}, \tag{50}$$

$$\frac{d \times \Phi}{d \mathfrak{r}} = \frac{d \times \Phi_x}{d \mathfrak{r}} + \frac{d \times \Phi_y}{d \mathfrak{r}} + \frac{d \times \Phi_z}{d \mathfrak{r}}, \tag{51}$$

und in der zweiten Form:

$$\frac{d \Phi}{d \mathfrak{r}} = \frac{\partial \Phi}{\partial \mathfrak{x}} + \frac{\partial \Phi}{\partial \mathfrak{y}} + \frac{\partial \Phi}{\partial \mathfrak{z}}, \tag{52}$$

$$\frac{d \Phi}{d \mathfrak{r}} = \frac{\partial \Phi}{\partial x} \mathfrak{i} + \frac{\partial \Phi}{\partial y} \mathfrak{j} + \frac{\partial \Phi}{\partial z} \mathfrak{k}, \tag{53}$$

$$\frac{d \cdot \Phi}{d \mathfrak{r}} = \frac{\partial \Phi}{\partial x} \cdot \mathfrak{i} + \frac{\partial \Phi}{\partial y} \cdot \mathfrak{j} + \frac{\partial \Phi}{\partial z} \cdot \mathfrak{k}, \tag{54}$$

$$\frac{d \times \Phi}{d \mathfrak{r}} = \frac{\partial \Phi}{\partial x} \times \mathfrak{i} + \frac{\partial \Phi}{\partial y} \times \mathfrak{j} + \frac{\partial \Phi}{\partial z} \times \mathfrak{k} \tag{55}$$

und schließlich

$$\frac{\partial \Phi}{\partial r} = \frac{d\Phi}{d\mathfrak{r}} \cdot \mathfrak{r}_1. \tag{56}$$

Beachten wir, daß

$$\frac{\partial \Phi}{\partial x} = \frac{\partial \mathfrak{v}_x}{\partial x}\mathfrak{i} + \frac{\partial \mathfrak{v}_y}{\partial x}\mathfrak{j} + \frac{\partial \mathfrak{v}_z}{\partial x}\mathfrak{k}$$

u. s. w.,

so können wir die beiden Ausdrücke (54) und (55) auch schreiben:

$$\frac{d \cdot \Phi}{d\mathfrak{r}} = \frac{\partial \mathfrak{v}_x}{\partial x} + \frac{\partial \mathfrak{v}_y}{\partial y} + \frac{\partial \mathfrak{v}_z}{\partial z}, \tag{57}$$

$$\frac{d \times \Phi}{d\mathfrak{r}} = \left(\frac{\partial \mathfrak{v}_y}{\partial z} - \frac{\partial \mathfrak{v}_z}{\partial y}\right)\mathfrak{i} + \left(\frac{\partial \mathfrak{v}_z}{\partial x} - \frac{\partial \mathfrak{v}_x}{\partial z}\right)\mathfrak{j} + \left(\frac{\partial \mathfrak{v}_x}{\partial y} - \frac{\partial \mathfrak{v}_y}{\partial x}\right)\mathfrak{k}. \tag{58}$$

Ebenso können wir auch für alle anderen Ausdrücke ganz analoge Formen wie im Vektorfelde bilden, und können dann diese, indem wir auch die Vektoren $\mathfrak{v}_x$, $\mathfrak{v}_y$, $\mathfrak{v}_z$ in Komponenten zerlegen, weiter entwickeln.

Aus $\partial \Phi / \partial x$, $\partial \Phi / \partial y$, $\partial \Phi / \partial z$ lassen sich auch die inneren, bzw. äußeren Produkte bilden und in (46) und (53) einführen, wodurch wir wieder zu neuen Ausdrücken gelangen.

Wir können auch außer der dyadic Φ die ihr konjugierte dyadic

$$\Phi_c = \mathfrak{i}\,\mathfrak{v}_x + \mathfrak{j}\,\mathfrak{v}_y + \mathfrak{k}\,\mathfrak{v}_z$$

betrachten und ebenfalls die zugehörigen Differentialquotienten derselben bilden. Es ist zunächst:

$$\frac{\partial \Phi_c}{\partial \mathfrak{r}} = \mathfrak{i}\frac{\partial \mathfrak{v}_x}{\partial \mathfrak{r}} + \mathfrak{j}\frac{\partial \mathfrak{v}_y}{\partial \mathfrak{r}} + \mathfrak{k}\frac{\partial \mathfrak{v}_z}{\partial \mathfrak{r}}, \tag{59}$$

$$\frac{\partial \cdot \Phi_c}{\partial \mathfrak{r}} = \mathfrak{i}\frac{\partial \cdot \mathfrak{v}_x}{\partial \mathfrak{r}} + \mathfrak{j}\frac{\partial \cdot \mathfrak{v}_y}{\partial \mathfrak{r}} + \mathfrak{k}\frac{\partial \cdot \mathfrak{v}_z}{\partial \mathfrak{r}}, \tag{60}$$

$$\frac{\partial \times \Phi_c}{\partial \mathfrak{r}} = \mathfrak{i}\frac{\partial \times \mathfrak{v}_x}{\partial \mathfrak{r}} + \mathfrak{j}\frac{\partial \times \mathfrak{v}_y}{\partial \mathfrak{r}} + \mathfrak{k}\frac{\partial \times \mathfrak{v}_z}{\partial \mathfrak{r}}. \tag{61}$$

Daher ist nach (60) und (43'), sowie nach (61) und (45)

$$\frac{\partial \cdot \Phi_c}{\partial \mathfrak{r}} = \mathfrak{r}_1 \cdot \frac{\partial \Phi}{\partial \mathfrak{r}}, \tag{62}$$

$$\frac{\partial \times \Phi_c}{\partial \mathfrak{r}} = -\left(\mathfrak{r}_1 \times \frac{\partial \Phi}{\partial \mathfrak{r}}\right)_c. \tag{63}$$

Ebenso gilt wieder:

$$\frac{\partial \Phi_c}{\partial r} = \frac{\partial \Phi_c}{\partial x}\frac{dx}{dr} + \frac{\partial \Phi_c}{\partial y}\frac{dy}{dr} + \frac{\partial \Phi_c}{\partial z}\frac{dz}{dr}, \tag{64}$$

und für die totalen Differentialquotienten

$$\frac{d\Phi_c}{d\mathfrak{r}} = \mathfrak{i}\,\frac{d\mathfrak{v}_x}{d\mathfrak{r}} + \mathfrak{j}\,\frac{d\mathfrak{v}_y}{d\mathfrak{r}} + \mathfrak{k}\,\frac{d\mathfrak{v}_z}{d\mathfrak{r}}, \tag{65}$$

$$\frac{d\cdot\Phi_c}{d\mathfrak{r}} = \mathfrak{i}\,\frac{d\cdot\mathfrak{v}_x}{d\mathfrak{r}} + \mathfrak{j}\,\frac{d\cdot\mathfrak{v}_y}{d\mathfrak{r}} + \mathfrak{k}\,\frac{d\cdot\mathfrak{v}_z}{d\mathfrak{r}}, \tag{66}$$

$$\frac{d\times\Phi_c}{d\mathfrak{r}} = \mathfrak{i}\,\frac{d\times\mathfrak{v}_x}{d\mathfrak{r}} + \mathfrak{j}\,\frac{d\times\mathfrak{v}_y}{d\mathfrak{r}} + \mathfrak{k}\,\frac{d\times\mathfrak{v}_z}{d\mathfrak{r}}, \tag{67}$$

oder auch

$$\frac{d\Phi_c}{d\mathfrak{r}} = \frac{\partial \Phi_c}{\partial \mathfrak{x}} + \frac{\partial \Phi_c}{\partial \mathfrak{y}} + \frac{\partial \Phi_c}{\partial \mathfrak{z}} \tag{68}$$

u. s. w.

Ferner können wir noch die folgenden Beziehungen aufstellen:

$$\mathfrak{i}\cdot\frac{\partial \Phi_c}{\partial x} + \mathfrak{j}\cdot\frac{\partial \Phi_c}{\partial y} + \mathfrak{k}\cdot\frac{\partial \Phi_c}{\partial z} = \frac{d\cdot\Phi}{d\mathfrak{r}}, \tag{69}$$

$$\mathfrak{i}\cdot\frac{\partial \Phi}{\partial x} + \mathfrak{j}\cdot\frac{\partial \Phi}{\partial y} + \mathfrak{k}\cdot\frac{\partial \Phi}{\partial z} = \frac{d\cdot\Phi_c}{d\mathfrak{r}}, \tag{70}$$

$$\mathfrak{i}\times\frac{\partial \Phi_c}{\partial x} + \mathfrak{j}\times\frac{\partial \Phi_c}{\partial y} + \mathfrak{k}\times\frac{\partial \Phi_c}{\partial z} = -\left[\frac{d\times\Phi}{d\mathfrak{r}}\right]_c, \tag{71}$$

$$\mathfrak{i}\times\frac{\partial \Phi}{\partial x} + \mathfrak{j}\times\frac{\partial \Phi}{\partial y} + \mathfrak{k}\times\frac{\partial \Phi}{\partial z} = -\left[\frac{d\times\Phi_c}{d\mathfrak{r}}\right]_c. \tag{72}$$

Auch bei den „dyadic" können wir nun wie bei den Vektoren zwei verschiedene Differentialquotienten bilden, die wir als einander konjugiert ansehen wollen. Der eine ist $d\Phi\,1/d\mathfrak{r}$, der zweite $1/d\mathfrak{r}\,d\Phi$. Wir wollen wieder nur den ersten als Differentialquotienten und den zweiten als dessen Konjugierten bezeichnen. Derselbe ist:

$$\frac{d\Phi}{d\mathfrak{r}_c} = \frac{\partial \Phi}{\partial \mathfrak{x}_c} + \frac{\partial \Phi}{\partial \mathfrak{y}_c} + \frac{\partial \Phi}{\partial \mathfrak{z}_c} = \mathfrak{i}\frac{\partial \Phi}{\partial x} + \mathfrak{j}\frac{\partial \Phi}{\partial y} + \mathfrak{k}\frac{\partial \Phi}{\partial z} \tag{49c}$$

oder

$$\frac{d\Phi}{d\mathfrak{r}_c} = \frac{d\Phi_x}{d\mathfrak{r}_c} + \frac{d\Phi_y}{d\mathfrak{r}_c} + \frac{d\Phi_z}{d\mathfrak{r}_c} = \frac{d\mathfrak{v}_x}{d\mathfrak{r}_c}\mathfrak{i} + \frac{d\mathfrak{v}_y}{d\mathfrak{r}_c}\mathfrak{j} + \frac{d\mathfrak{v}_z}{d\mathfrak{r}_c}\mathfrak{k}. \tag{52c}$$

Ebenso können wir $d\Phi_c/d\mathfrak{r}_c$ bilden, und noch folgende Beziehungen aufstellen:

$$\mathfrak{r}_1\cdot\frac{d\Phi}{d\mathfrak{r}_c} = \frac{d\Phi}{d\mathfrak{r}}\cdot\mathfrak{r}_1 = \frac{\partial \Phi}{\partial r},$$

$$\frac{d\Phi}{d\mathfrak{r}_c}\cdot\mathfrak{r}_1=\frac{d\mathfrak{v}_r}{d\mathfrak{r}_c},$$

$$\mathfrak{r}_1\cdot\frac{d\Phi_c}{d\mathfrak{r}}=\frac{d\mathfrak{v}_r}{d\mathfrak{r}},$$

$$\frac{d\cdot\Phi_c}{d\mathfrak{r}_c}=\frac{d\cdot\Phi}{d\mathfrak{r}},$$

$$\frac{d\times\Phi_c}{d\mathfrak{r}_c}=-\left(\frac{d\times\Phi}{d\mathfrak{r}}\right)_c.$$

Wir wollen nun noch ein Beispiel betrachten, und zwar wählen wir das durch Differentiation im ebenen Newton-

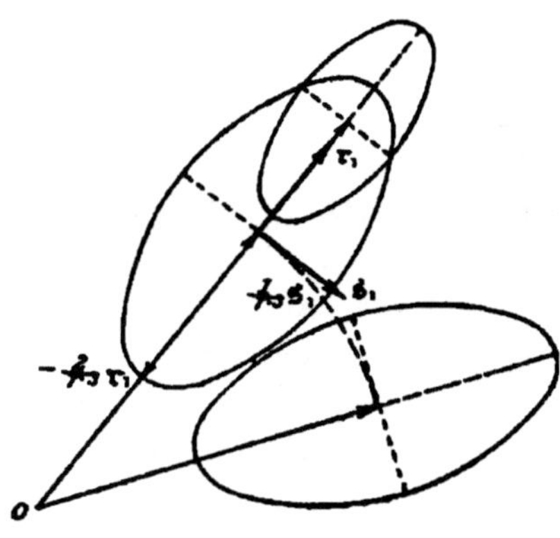

Fig. 17.

schen Vektorfeld erhaltene Ellipsenfeld (Fig. 17). Dasselbe ist gegeben durch:

$$\Phi=\frac{1}{r^3}\,\Phi_1,$$

wobei

$$\Phi_1=-2\,\mathfrak{r}_1\,\mathfrak{r}_1+\mathfrak{s}_1\,\mathfrak{s}_1.$$

Es ist nun

$$\frac{\partial\Phi}{\partial r}=\frac{\partial\left(\frac{1}{r^3}\right)}{\partial r}\,\Phi_1=-\frac{3}{r^4}(-2\,\mathfrak{r}_1\,\mathfrak{r}_1+\mathfrak{s}_1\,\mathfrak{s}_1),$$

$$\frac{\partial\Phi}{\partial s}=\frac{1}{r^3}\,\frac{\partial\Phi_1}{\partial s}=\frac{1}{r^3}\,\frac{\partial(-2\,\mathfrak{r}_1\,\mathfrak{r}_1+\mathfrak{s}_1\,\mathfrak{s}_1)}{\partial s}.$$

Da nun

$$\frac{\partial(\mathfrak{r}_1\,\mathfrak{r}_1)}{\partial s}=\mathfrak{r}_1\frac{\partial\mathfrak{r}_1}{\partial s}+\frac{\partial\mathfrak{r}_1}{\partial s}\mathfrak{r}_1=\mathfrak{r}_1\frac{\mathfrak{s}_1}{r}+\frac{\mathfrak{s}_1}{r}\mathfrak{r}_1=\frac{1}{r}(\mathfrak{r}_1\,\mathfrak{s}_1+\mathfrak{s}_1\,\mathfrak{r}_1),$$

$$\frac{\partial(\mathfrak{s}_1\,\mathfrak{s}_1)}{\partial s}=\mathfrak{s}_1\frac{\partial\mathfrak{s}_1}{\partial s}+\frac{\partial\mathfrak{s}_1}{\partial s}\mathfrak{s}_1=-\mathfrak{s}_1\frac{\mathfrak{r}_1}{r}-\frac{\mathfrak{r}_1}{r}\mathfrak{s}_1=-\frac{1}{r}(\mathfrak{s}_1\,\mathfrak{r}_1+\mathfrak{r}_1\,\mathfrak{s}_1),$$

so ist

$$\frac{\partial \Phi}{\partial s} = -\frac{3}{r^4}(\mathfrak{r}_1\,\mathfrak{s}_1 + \mathfrak{s}_1\,\mathfrak{r}_1),$$

folglich:

$$\frac{d\Phi}{d\mathfrak{r}} = \frac{\partial \Phi}{\partial r}\mathfrak{r}_1 + \frac{\partial \Phi}{\partial s}\mathfrak{s}_1 = -\frac{3}{r^4}(-2\mathfrak{r}_1\mathfrak{r}_1 + \mathfrak{s}_1\mathfrak{s}_1)\mathfrak{r}_1 - \frac{3}{r^4}(\mathfrak{r}_1\mathfrak{s}_1 + \mathfrak{s}_1\mathfrak{r}_1)\mathfrak{s}_1,$$

$$\frac{d\cdot\Phi}{d\mathfrak{r}} = \frac{6}{r^4}\mathfrak{r}_1 - \frac{3}{r^4}\mathfrak{r}_1 = \frac{3}{r^4}\mathfrak{r}_1,$$

$$\frac{d\times\Phi}{d\mathfrak{r}} = -\frac{3}{r^4}\mathfrak{s}_1\mathfrak{t}_1 + \frac{3}{r^4}\mathfrak{s}_1\mathfrak{t}_1 = 0.$$

Es ist also hier:

$$\frac{d\cdot\Phi}{d\mathfrak{r}} = \frac{d\left(\frac{d\cdot\mathfrak{v}}{d\mathfrak{r}}\right)}{d\mathfrak{r}} = \frac{3}{r^4}\mathfrak{r}_1.$$

Wir könnten nun in derselben Weise beliebige partielle Differentialquotienten ausdrücken. Auch hätten wir ein beliebiges festes Achsenkreuz zugrunde legen können, doch wäre dabei die Rechnung schon erheblich langwieriger geworden.

Im räumlichen Newtonschen Felde kommt noch ein dritter Differentialquotient $\partial\Phi/\partial t$ in Betracht.

Es wird dann:

$$\Phi_1 = -2\,\mathfrak{r}_1\,\mathfrak{r}_1 + \mathfrak{s}_1\,\mathfrak{s}_1 + \mathfrak{t}_1\,\mathfrak{t}_1,$$

$$\Phi = \frac{1}{r^3}\Phi_1,$$

$$\frac{d\Phi}{d\mathfrak{r}} = -\frac{3}{r^4}[(-2\mathfrak{r}_1\mathfrak{r}_1 + \mathfrak{s}_1\mathfrak{s}_1 + \mathfrak{t}_1\mathfrak{t}_1)\mathfrak{r}_1 + (\mathfrak{s}_1\mathfrak{r}_1 + \mathfrak{r}_1\mathfrak{s}_1)\mathfrak{s}_1 + (\mathfrak{t}_1\mathfrak{r}_1 + \mathfrak{r}_1\mathfrak{t}_1)\mathfrak{t}_1],$$

$$\frac{d\cdot\Phi}{d\mathfrak{r}} = 0,$$

$$\frac{d\times\Phi}{d\mathfrak{r}} = 0.$$

Im zweiten Beispiel, also im Felde des rotierenden Körpers, erhielten wir durch Differentiation ein konstantes Kreisfeld:

$$\Phi = \omega\,\Phi_1 = \text{Const.}$$

Es wird daher

$$\frac{d\Phi}{d\mathfrak{r}} = 0.$$

Wir kämen jetzt zur Differentiation zusammengesetzter Vektorfunktionen, wollen uns aber hier nur mit einem einfachen Beispiel begnügen.

Es seien zwei Felder $\mathfrak{u}$ und $\mathfrak{v}$ gegeben. Durch Addition erhalten wir das Feld

$$\mathfrak{u} + \mathfrak{v} = \mathfrak{w},$$

und durch Differentiation:

$$\frac{d\,\mathfrak{u}}{d\,\mathfrak{r}} + \frac{d\,\mathfrak{v}}{d\,\mathfrak{r}} = \frac{d\,\mathfrak{w}}{d\,\mathfrak{r}}.$$

Die Addition der Ellipsoide geschieht dann durch Addition der auf das gleiche Achsenkreuz bezogenen konjugierten Halbmesser. Durch Multiplikation ergibt sich das Feld zweiten Grades:

$$\Phi = \mathfrak{u}\,\mathfrak{v} = f(\mathfrak{r}).$$

Die zugehörigen Differentialquotienten ergeben sich nun auf folgende Weise:

$$\frac{\partial(\mathfrak{u}\,\mathfrak{v})}{\partial\, r} = \mathfrak{u}\,\frac{\partial\,\mathfrak{v}}{\partial\, r} + \frac{\partial\,\mathfrak{u}}{\partial\, r}\,\mathfrak{v}, \tag{73}$$

$$\frac{\partial\,(\mathfrak{u}\,\mathfrak{v})}{\partial\,\mathfrak{r}} = \frac{\partial(\mathfrak{u}\,\mathfrak{v})}{\partial\, r}\;\mathfrak{r}_1 = \mathfrak{u}\,\frac{\partial\,\mathfrak{v}}{\partial\,\mathfrak{r}} + \frac{\partial\,\mathfrak{u}}{\partial\, r}\,\mathfrak{v}\,\mathfrak{r}_1, \tag{74}$$

$$\frac{\partial\cdot(\mathfrak{u}\,\mathfrak{v})}{\partial\,\mathfrak{r}} = \frac{\partial(\mathfrak{u}\,\mathfrak{v})}{\partial\, r}\cdot\mathfrak{r}_1 = \mathfrak{u}\,\frac{\partial\cdot\mathfrak{v}}{\partial\,\mathfrak{r}} + \frac{\partial\,\mathfrak{u}}{\partial\, r}\,\mathfrak{v}\cdot\mathfrak{r}_1 = \mathfrak{u}\,\frac{\partial\cdot\mathfrak{v}}{\partial\,\mathfrak{r}} + \frac{\partial\,\mathfrak{u}}{\partial\,\mathfrak{r}}\cdot\mathfrak{v}, \tag{75}$$

$$\frac{\partial\times(\mathfrak{u}\,\mathfrak{v})}{\partial\,\mathfrak{r}} = \frac{\partial(\mathfrak{u}\,\mathfrak{v})}{\partial\, r}\times\mathfrak{r}_1 = \mathfrak{u}\,\frac{\partial\times\mathfrak{v}}{\partial\,\mathfrak{r}} + \frac{\partial\,\mathfrak{u}}{\partial\, r}\,\mathfrak{v}\times\mathfrak{r}_1 = \mathfrak{u}\,\frac{\partial\times\mathfrak{v}}{\partial\,\mathfrak{r}} - \frac{\partial\,\mathfrak{u}}{\partial\,\mathfrak{r}}\times\mathfrak{v}. \tag{76}$$

Ferner ist:

$$\frac{\partial\,(\mathfrak{u}\cdot\mathfrak{v})}{\partial\,\mathfrak{r}} = \left(\mathfrak{u}\cdot\frac{\partial\,\mathfrak{v}}{\partial\, r} + \frac{\partial\,\mathfrak{u}}{\partial\, r}\cdot\mathfrak{v}\right)\mathfrak{r}_1 = \mathfrak{u}\cdot\frac{\partial\,\mathfrak{v}}{\partial\,\mathfrak{r}} + \mathfrak{v}\cdot\frac{\partial\,\mathfrak{u}}{\partial\,\mathfrak{r}}, \tag{77}$$

$$\frac{\partial\,(\mathfrak{u}\times\mathfrak{v})}{\partial\,\mathfrak{r}} = \left(\mathfrak{u}\times\frac{\partial\,\mathfrak{v}}{\partial\, r} + \frac{\partial\,\mathfrak{u}}{\partial\, r}\times\mathfrak{v}\right)\mathfrak{r}_1 = \mathfrak{u}\times\frac{\partial\,\mathfrak{v}}{\partial\,\mathfrak{r}} - \mathfrak{v}\times\frac{\partial\,\mathfrak{u}}{\partial\,\mathfrak{r}}. \tag{78}$$

Da nun

$$\left(\mathfrak{u}\times\frac{\partial\,\mathfrak{v}}{\partial\, r} - \mathfrak{v}\times\frac{\partial\,\mathfrak{u}}{\partial\, r}\right)\cdot\mathfrak{r}_1 = \left(\mathfrak{u}\cdot\frac{\partial\,\mathfrak{v}}{\partial\, r} - \mathfrak{v}\cdot\frac{\partial\,\mathfrak{u}}{\partial\, r}\right)\times\mathfrak{r}_1,$$

so folgt:

$$\frac{\partial\cdot(\mathfrak{u}\times\mathfrak{v})}{\partial\,\mathfrak{r}} = \mathfrak{u}\cdot\frac{\partial\times\mathfrak{v}}{\partial\,\mathfrak{r}} - \mathfrak{v}\cdot\frac{\partial\times\mathfrak{u}}{\partial\,\mathfrak{r}}, \tag{79}$$

$$\frac{\partial\times(\mathfrak{u}\times\mathfrak{v})}{\partial\,\mathfrak{r}} = \mathfrak{u}\times\frac{\partial\times\mathfrak{v}}{\partial\,\mathfrak{r}} - \mathfrak{v}\times\frac{\partial\times\mathfrak{u}}{\partial\,\mathfrak{r}}.\text{[1]} \tag{80}$$

[1]) Man kann diesen Ausdruck auch auf die Form bringen:

$$\frac{\partial\times(\mathfrak{u}\times\mathfrak{v})}{\partial\,\mathfrak{r}} = \frac{\partial\cdot\mathfrak{u}}{\partial\,\mathfrak{r}}\,\mathfrak{v} - \frac{\partial\cdot\mathfrak{v}}{\partial\,\mathfrak{r}}\,\mathfrak{u} - \frac{\partial\,\mathfrak{u}}{\partial\,\mathfrak{r}}\cdot\mathfrak{v} + \frac{\partial\,\mathfrak{v}}{\partial\,\mathfrak{r}}\cdot\mathfrak{u}, \tag{80'}$$

und zwar mit Hilfe der Formel: $(\mathfrak{a}\times\mathfrak{b})\times\mathfrak{c} = \mathfrak{a}\cdot\mathfrak{c}\,\mathfrak{b} - \mathfrak{c}\cdot\mathfrak{b}\,\mathfrak{a}$.

Auch die totalen Differentialquotienten können wir in entsprechender Weise bilden.

Es ist zunächst:

$$\frac{d(\mathfrak{u}\,\mathfrak{v})}{d\,\mathfrak{r}} = (\mathfrak{u}\,d\,\mathfrak{v} + d\,\mathfrak{u}\,\mathfrak{v})\,\frac{1}{d\,\mathfrak{r}} = \mathfrak{u}\,\frac{d\,\mathfrak{v}}{d\,\mathfrak{r}} + \frac{d\,\mathfrak{u}\,\mathfrak{v}}{d\,\mathfrak{r}}. \tag{81}$$

Im letzten Ausdruck liegt zwar eine formale Schwierigkeit, doch hat derselbe ebenfalls eine ganz bestimmte Bedeutung, wie wir später sehen werden.

Es ist weiter:

$$\frac{d\cdot(\mathfrak{u}\,\mathfrak{v})}{d\,\mathfrak{r}} = d(\mathfrak{u}\,\mathfrak{v})\cdot\frac{1}{d\,\mathfrak{r}} = \mathfrak{u}\,\frac{d\cdot\mathfrak{v}}{d\,\mathfrak{r}} + \frac{d\,\mathfrak{u}}{d\,\mathfrak{r}}\cdot\mathfrak{v}, \tag{82}$$

$$\frac{d\times(\mathfrak{u}\,\mathfrak{v})}{d\,\mathfrak{r}} = d(\mathfrak{u}\,\mathfrak{v})\times\frac{1}{d\,\mathfrak{r}} = \mathfrak{u}\,\frac{d\times\mathfrak{v}}{d\,\mathfrak{r}} + \frac{d\,\mathfrak{u}}{d\,\mathfrak{r}}\times\mathfrak{v}, \tag{83}$$

$$\frac{d(\mathfrak{u}\cdot\mathfrak{v})}{d\,\mathfrak{r}} = (\mathfrak{u}\cdot d\,\mathfrak{v} + d\,\mathfrak{u}\cdot\mathfrak{v})\,\frac{1}{d\,\mathfrak{r}} = \mathfrak{u}\cdot\frac{d\,\mathfrak{v}}{d\,\mathfrak{r}} + \mathfrak{v}\cdot\frac{d\,\mathfrak{u}}{d\,\mathfrak{r}}, \tag{84}$$

$$\frac{d(\mathfrak{u}\times\mathfrak{v})}{d\,\mathfrak{r}} = (\mathfrak{u}\times d\,\mathfrak{v} + d\,\mathfrak{u}\times\mathfrak{v})\,\frac{1}{d\,\mathfrak{r}} = \mathfrak{u}\times\frac{d\,\mathfrak{v}}{d\,\mathfrak{r}} - \mathfrak{v}\times\frac{d\,\mathfrak{u}}{d\,\mathfrak{r}}, \tag{85}$$

$$\frac{d\cdot(\mathfrak{u}\times\mathfrak{v})}{d\,\mathfrak{r}} = \mathfrak{u}\cdot\frac{d\times\mathfrak{v}}{d\,\mathfrak{r}} - \mathfrak{v}\cdot\frac{d\times\mathfrak{u}}{d\,\mathfrak{r}},\ ^{1)} \tag{86}$$

$$\frac{d\times(\mathfrak{u}\times\mathfrak{v})}{d\,\mathfrak{r}} = \mathfrak{u}\times\frac{d\times\mathfrak{v}}{d\,\mathfrak{r}} - \mathfrak{v}\times\frac{d\times\mathfrak{u}}{d\,\mathfrak{r}},\ ^{2)} \tag{87}$$

In der Schreibweise von Gibbs würden z. B. die ersten beiden Ausdrücke lauten:

$$\nabla\cdot(\mathfrak{u}\,\mathfrak{v}) = \mathfrak{u}\,\nabla\cdot\mathfrak{v} + \nabla\,\mathfrak{u}\cdot\mathfrak{v}, \tag{82'}$$

$$\nabla\times(\mathfrak{u}\,\mathfrak{v}) = \mathfrak{u}\,\nabla\times\mathfrak{v} - \nabla\,\mathfrak{u}\times\mathfrak{v}, \tag{83'}$$

Die weitere Zerlegung der erhaltenen Differentialquotienten in ihre Komponenten kann ebenso erfolgen, wie im einfachen Vektorfeld.

---

[1]) Siehe die Ableitung der Formel (79).

[2]) Den Ausdruck (87) können wir ebenso wie (80) umformen und erhalten:

$$\frac{d\times(\mathfrak{u}\times\mathfrak{v})}{d\,\mathfrak{r}} = \frac{d\cdot\mathfrak{u}}{d\,\mathfrak{r}}\,\mathfrak{v} - \frac{d\cdot\mathfrak{v}}{d\,\mathfrak{r}}\,\mathfrak{u} - \mathfrak{v}\cdot\frac{d\,\mathfrak{u}}{d\,\mathfrak{r}_c} + \mathfrak{u}\cdot\frac{d\,\mathfrak{v}}{d\,\mathfrak{r}_c}$$

und da

$$\mathfrak{v}\cdot\frac{d\,\mathfrak{u}}{d\,\mathfrak{r}_c} = \frac{d\,\mathfrak{u}}{d\,\mathfrak{r}}\cdot\mathfrak{v},$$

$$\frac{d\times(\mathfrak{u}\times\mathfrak{v})}{d\,\mathfrak{r}} = \frac{d\cdot\mathfrak{u}}{d\,\mathfrak{r}}\,\mathfrak{v} - \frac{d\cdot\mathfrak{v}}{d\,\mathfrak{r}}\,\mathfrak{u} - \frac{d\,\mathfrak{u}}{d\,\mathfrak{r}}\cdot\mathfrak{v} + \frac{d\,\mathfrak{v}}{d\,\mathfrak{r}}\cdot\mathfrak{u}. \tag{87'}$$

Es ist z. B.

$$\frac{\partial(\mathfrak{u}\cdot\mathfrak{v})}{\partial r}=\frac{\partial(u_x v_x)}{\partial r}+\frac{\partial(u_y v_y)}{\partial r}+\frac{\partial(u_z v_z)}{\partial r}, \tag{77'}$$

$$\left.\begin{aligned}\frac{\partial(\mathfrak{u}\times\mathfrak{v})}{\partial r}=\left[\frac{\partial(u_y v_z)}{\partial r}-\frac{\partial(u_z v_y)}{\partial r}\right]\mathfrak{i}+\left[\frac{\partial(u_z v_x)}{\partial r}-\frac{\partial(u_x v_z)}{\partial r}\right]\mathfrak{j}\\ +\left[\frac{\partial(u_x v_y)}{\partial r}-\frac{\partial(u_y v_x)}{\partial r}\right]\mathfrak{k},\end{aligned}\right\} \tag{78'}$$

$$\frac{d(\mathfrak{u}\cdot\mathfrak{v})}{d\mathfrak{r}}=\frac{d(u_x v_x)}{d\mathfrak{r}}+\frac{d(u_y v_y)}{d\mathfrak{r}}+\frac{d(u_z v_z)}{d\mathfrak{r}} \tag{84'}$$

u. s. w.

Wir hätten bei der Differentiation aber auch von den Komponentengleichungen selbst ausgehen können.

Es wäre dann:

$$\frac{\partial(\mathfrak{u}\,\mathfrak{v})}{\partial r}=\frac{\partial(\mathfrak{u}\,\mathfrak{v})}{\partial x}\frac{dx}{dr}+\frac{\partial(\mathfrak{u}\,\mathfrak{v})}{\partial y}\frac{dy}{dr}+\frac{\partial(\mathfrak{u}\,\mathfrak{v})}{\partial z}\frac{dz}{dr}, \tag{73'}$$

$$\frac{d(\mathfrak{u}\,\mathfrak{v})}{d\mathfrak{r}}=\frac{\partial(\mathfrak{u}\,\mathfrak{v})}{\partial x}\mathfrak{i}+\frac{\partial(\mathfrak{u}\,\mathfrak{v})}{\partial y}\mathfrak{j}+\frac{\partial(\mathfrak{u}\,\mathfrak{v})}{\partial z}\mathfrak{k}. \tag{81'}$$

Die letzte Gleichung wollen wir weiter ausführen:

$$\frac{d(\mathfrak{u}\,\mathfrak{v})}{d\mathfrak{r}}=\mathfrak{u}\left(\frac{\partial\mathfrak{v}}{\partial x}\mathfrak{i}+\frac{\partial\mathfrak{v}}{\partial y}\mathfrak{j}+\frac{\partial\mathfrak{v}}{\partial z}\mathfrak{k}\right)+\left(\frac{\partial\mathfrak{u}}{\partial x}\mathfrak{v}\,\mathfrak{i}+\frac{\partial\mathfrak{u}}{\partial y}\mathfrak{v}\,\mathfrak{j}+\frac{\partial\mathfrak{u}}{\partial z}\mathfrak{v}\,\mathfrak{k}\right).$$

Vergleichen wir den letzten Ausdruck mit demjenigen in (81), so folgt:

$$\frac{\partial\mathfrak{u}}{\partial x}\mathfrak{v}\,\mathfrak{i}+\frac{\partial\mathfrak{u}}{\partial y}\mathfrak{v}\,\mathfrak{j}+\frac{\partial\mathfrak{u}}{\partial z}\mathfrak{v}\,\mathfrak{k}=\frac{\partial\,\mathfrak{u}\,\mathfrak{v}}{\partial\mathfrak{x}}+\frac{\partial\,\mathfrak{u}\,\mathfrak{v}}{\partial\mathfrak{y}}+\frac{\partial\,\mathfrak{u}\,\mathfrak{v}}{\partial\mathfrak{z}}=\frac{d\,\mathfrak{u}\,\mathfrak{v}}{d\mathfrak{r}}, \tag{88}$$

woraus wir nun die Bedeutung von $d\,\mathfrak{u}\,\mathfrak{v}/d\mathfrak{r}$ erkennen. Es ist

$$\frac{d\,\mathfrak{u}\,\mathfrak{v}}{d\mathfrak{r}}\cdot\mathfrak{r}_1=\frac{\partial\mathfrak{u}}{\partial r}\mathfrak{v},$$

und es gilt natürlich auch die Beziehung

$$\frac{d(\mathfrak{u}\,\mathfrak{v})}{d\mathfrak{r}}\cdot\mathfrak{r}_1=\frac{\partial(\mathfrak{u}\,\mathfrak{v})}{\partial r}.$$

Wir können ferner $\mathfrak{u}\,\mathfrak{v}$ auf die Form bringen:

$$\mathfrak{u}\,\mathfrak{v}=\mathfrak{v}_x\mathfrak{i}+\mathfrak{v}_y\mathfrak{j}+\mathfrak{v}_z\mathfrak{k},$$

indem wir setzen:

$$\mathfrak{u}=u_x\mathfrak{i}+u_y\mathfrak{j}+u_z\mathfrak{k},$$

$$\mathfrak{v}=v_x\mathfrak{i}+v_y\mathfrak{j}+v_z\mathfrak{k}.$$

Daher wird:

$$\mathfrak{u}\,\mathfrak{v} = v_x\,\mathfrak{u}\,\mathfrak{i} + v_y\,\mathfrak{u}\,\mathfrak{j} + v_z\,\mathfrak{u}\,\mathfrak{k}. \tag{89}$$

Es ist also

$$v_x\,\mathfrak{u} = \mathfrak{v}_x, \qquad v_y\,\mathfrak{u} = \mathfrak{v}_y, \qquad v_z\,\mathfrak{u} = \mathfrak{v}_z.$$

Da dies die konjugierten Durchmesser des Ellipsoids sind, die aber sämtlich in dieselbe Richtung fallen, so erkennen wir, daß für ein einfaches geometrisches Produkt $\mathfrak{u}\,\mathfrak{v}$ das Ellipsoid in eine Gerade zusammenschrumpft. Es werden also zwei Hauptachsen 0, die dritte fällt in die Richtung von $\mathfrak{u}$. Auch diese Gerade läßt sich stets in bestimmter Weise gegen ein Achsenkreuz orientieren, und zwar wird für die Hauptachsen $\mathfrak{i} \parallel \mathfrak{v}$. Die Summe zweier oder mehrerer solcher Geraden ist wieder ein Ellipsoid. Noch speziellere Fälle sind $\mathfrak{i}\,\mathfrak{i}$, $\mathfrak{i}\,\mathfrak{j}$, u. s. w.

Gleichung (89) können wir ebenfalls zur Bestimmung der Differentialquotienten benutzen. Es ist in diesem Falle:

$$\frac{\partial(\mathfrak{u}\,\mathfrak{v})}{\partial r} = \frac{\partial(v_x\,\mathfrak{u})}{\partial r}\,\mathfrak{i} + \frac{\partial(v_y\,\mathfrak{u})}{\partial r}\,\mathfrak{j} + \frac{\partial(v_z\,\mathfrak{u})}{\partial r}\,\mathfrak{k}, \tag{73''}$$

$$\frac{d(\mathfrak{u}\,\mathfrak{v})}{d\mathfrak{r}} = \frac{d(v_x\,\mathfrak{u}\,\mathfrak{i})}{d\mathfrak{r}} + \frac{d(v_y\,\mathfrak{u}\,\mathfrak{j})}{d\mathfrak{r}} + \frac{d(v_z\,\mathfrak{u}\,\mathfrak{k})}{d\mathfrak{r}}. \tag{81''}$$

Schließlich können wir $\mathfrak{u}\,\mathfrak{v}$ in der Form darstellen:

$$\mathfrak{u}\,\mathfrak{v} = \mathfrak{i}\,\mathfrak{n}_x + \mathfrak{j}\,\mathfrak{n}_y + \mathfrak{k}\,\mathfrak{n}_z.$$

Es wird dann:

$$\mathfrak{u}\,\mathfrak{v} = \mathfrak{i}\,u_x\,\mathfrak{v} + \mathfrak{j}\,u_y\,\mathfrak{v} + \mathfrak{k}\,u_z\,\mathfrak{v}, \tag{90}$$

daher

$$u_x\,\mathfrak{v} = \mathfrak{n}_x, \qquad u_y\,\mathfrak{v} = \mathfrak{n}_y, \qquad u_z\,\mathfrak{v} = \mathfrak{n}_z.$$

Dies sind dann die konjugierten Durchmesser des zweiten Ellipsoids von $\mathfrak{u}\,\mathfrak{v}$ oder diejenigen des ersten in dem zu $\mathfrak{u}\,\mathfrak{v}$ konjugierten Felde von $\mathfrak{v}\,\mathfrak{u}$.

III.

Vektorintegration.

Es sei das Feld eines Vektors gegeben durch

$$\mathfrak{v} = f(\mathfrak{r}),$$

dann ist das Linienintegral dieses Vektors längs irgend einer Linie im Felde zwischen zwei gegebenen Grenzpunkten

$$\int_{\mathfrak{r}_0}^{\mathfrak{r}} \mathfrak{v} \cdot d\mathfrak{r} = V - V_0 .$$

Der Wert des Integrals ist skalar. Während wir also früher durch Differentiation aus einem gegebenen Skalarfelde ein Vektorfeld ableiteten, können wir jetzt umgekehrt durch Integration aus dem Vektorfelde ein Skalarfeld ableiten.

Ist der Wert des Integrals unabhängig vom Integrationsweg, dann ist

$$\mathfrak{v} = \nabla V = \frac{dV}{d\mathfrak{r}_t}, \text{ [1]}$$

$$\int_{\mathfrak{r}_0}^{\mathfrak{r}} \mathfrak{v} \cdot d\mathfrak{r} = \int_{\mathfrak{r}_0}^{\mathfrak{r}} \frac{dV}{d\mathfrak{r}_t} \cdot d\mathfrak{r} = \int_{\mathfrak{r}_0}^{\mathfrak{r}} \frac{\partial V}{\partial r} dr = V - V_0$$

und

$$V = F(\mathfrak{r}) .$$

Es ist also jetzt V bloß eine Funktion der Lage, bzw. der oberen Grenze des Integrals und kann seinen Wert nur ändern, wenn sich $\mathfrak{r}$ ändert. Wir können daher F als eine Konstante betrachten.

Wie verhält es sich nun, wenn das obige Linienintegral nicht unabhängig vom Integrationsweg ist, sondern sein Wert sich mit diesem stetig ändert, wenn es also eine Funktion des Integrationsweges ist?

Wir wollen einen bestimmten Integrationsweg

$$\mathfrak{r} = \varphi(t)$$

[1]) Wir hängen hier den Index t an, um Verwechslungen zu vermeiden.

festlegen, wobei t eine skalare Veränderliche bedeutet; dann können wir auch jetzt wieder schreiben, indem wir den Wert des bestimmten Integrals zum Unterschied gegen früher mit $W - W_0$ bezeichnen:

$$\int_{\mathfrak{r}_0}^{\mathfrak{r}} \mathfrak{v} \cdot d\mathfrak{r} = W - W_0 .$$

Nun können wir aber den Wert dieses Integrals auf zweierlei Art ändern; entweder indem wir längs des gegebenen Integrationsweges fortschreiten, das heißt indem wir die obere Grenze auf diesem Wege ändern,[1]) oder indem wir unter Beibehaltung der Grenze den Integrationsweg ändern. Der ersten Änderung entspricht das Differential dW, der zweiten Änderung im Sinne der Variationsrechnung die Variation δW.

Wir können also jetzt in einem keineswegs neuen, sondern bloß von der Variationsrechnung übernommenen Sinne W als veränderliche Funktion von $\mathfrak{r}$ bezeichnen, und schreiben, indem wir zum Unterschied von früher für das Funktionszeichen griechische Buchstaben benutzen:

$$W = \Phi(\mathfrak{r}) .$$

Es kann sich nun das W sowohl ändern, wenn sich das $\mathfrak{r}$ ändert, als auch wenn sich das Φ ändert. Φ ändert sich aber mit dem Integrationsweg, also mit φ, und dem Integrationsweg können wir jede beliebige stetige Änderung erteilen. Es ist also φ die unabhängig veränderliche, Φ die abhängig veränderliche Funktion. Das Funktionszeichen, bzw. Operationssymbol, das diese Abhängigkeit ausdrückt, ist $\int$.[2])

Diese allgemeinere Fassung des Funktionsbegriffes ist schon deswegen vollauf begründet, weil derartige Funktionen in der Physik sehr häufig sind, und man dieselben bis jetzt nur immer zu umschreiben sucht. Ich erinnere bloß an die Wärme.

Wenn wir nun die totale Variation mit $\mathfrak{d} W$ bezeichnen, so ist:

$$\mathfrak{d} W = dW + \delta W ,$$

oder in symbolischer Schreibweise:

$$\mathfrak{d} W = \mathfrak{d}[\Phi(\mathfrak{r})] = \Phi d\mathfrak{r} + \delta \Phi \mathfrak{r} .$$

---

[1]) Allgemeiner ist es, wenn wir sie längs irgend einer anderen bestimmten Kurve $\mathfrak{r} = \psi(t)$ ändern.

[2]) Siehe Yellett, Variationsrechnung. Braunschweig 1860. S. 1—4.

Bei konstanten Grenzen wird $dW = 0$, bei konstantem Integrationsweg $\delta W = 0$. Für $\Phi = F =$ konst. erhalten wir den früheren Fall.

Es handelt sich für uns nun darum, δW zu ermitteln. Der Weg, den wir dabei einschlagen, entspricht dem zweiten

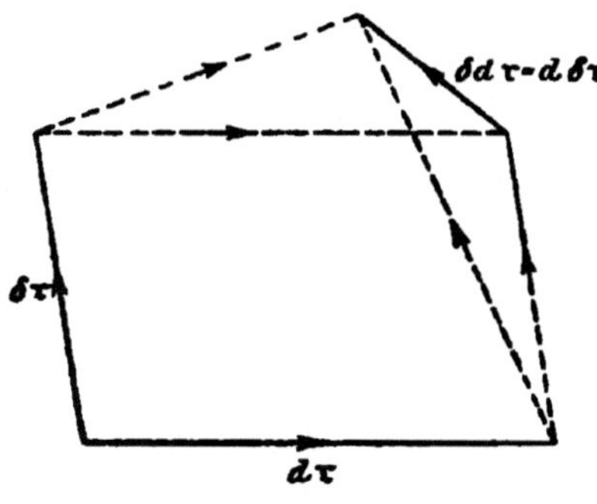

Fig. 18.

Beweis des Stokeschen Satzes, der im Gibbs-Wilsonschen Buche[1]) ausgeführt ist.

Zunächst ist:

$$\delta W = \delta \int_{\mathfrak{r}_0}^{\mathfrak{r}_1} \mathfrak{v} \cdot d\mathfrak{r} = \int_{\mathfrak{r}_0}^{\mathfrak{r}_1} \delta(\mathfrak{v} \cdot d\mathfrak{r}).$$

Ferner gilt ebenso wie für Skalare auch für Vektoren die Beziehung:

$$\delta d\mathfrak{r} = d\delta\mathfrak{r}.$$

Der geometrische Beweis dafür ist durch die Fig. 18 unmittelbar gegeben.

Es ist nun:

$$\delta(\mathfrak{v} \cdot d\mathfrak{r}) = \delta\mathfrak{v} \cdot d\mathfrak{r} + \mathfrak{v} \cdot \delta d\mathfrak{r},$$

$$d(\mathfrak{v} \cdot \delta\mathfrak{r}) = d\mathfrak{v} \cdot \delta\mathfrak{r} + \mathfrak{v} \cdot d\delta\mathfrak{r}.$$

Durch Subtraktion dieser beiden Ausdrücke folgt:

$$\delta(\mathfrak{v} \cdot d\mathfrak{r}) - d(\mathfrak{v} \cdot \delta\mathfrak{r}) = \delta\mathfrak{v} \cdot d\mathfrak{r} - d\mathfrak{v} \cdot \delta\mathfrak{r}.$$

Ferner ist:

$$\delta\mathfrak{v} = \frac{d\mathfrak{v}}{d\mathfrak{r}_t} \cdot \delta\mathfrak{r},$$

$$d\mathfrak{v} = \frac{d\mathfrak{v}}{d\mathfrak{r}_t} \cdot d\mathfrak{r},$$

[1] Gibbs-Wilson, Vektor-Analysis. S. 190.

daher

$$\delta\mathfrak{v}\cdot d\mathfrak{r} - d\mathfrak{v}\cdot\delta\mathfrak{r} = d\mathfrak{v}\cdot d\mathfrak{r}\frac{1}{d\mathfrak{r}_t}\cdot\delta\mathfrak{r} - d\mathfrak{v}\cdot\delta\mathfrak{r}\frac{1}{d\mathfrak{r}_t}\cdot d\mathfrak{r}.$$

Nach der Formel:

$$\mathfrak{a}\cdot\mathfrak{c}\mathfrak{d}\cdot\mathfrak{b} - \mathfrak{a}\cdot\mathfrak{b}\mathfrak{d}\cdot\mathfrak{c} = \mathfrak{a}\times\mathfrak{d}\cdot\mathfrak{c}\times\mathfrak{b} \text{ [1]}$$

folgt daraus weiter:

$$\delta\mathfrak{v}\cdot d\mathfrak{r} - d\mathfrak{v}\cdot\delta\mathfrak{r} = \frac{d\times\mathfrak{v}}{d\mathfrak{r}_t}\cdot d\mathfrak{r}\times\delta\mathfrak{r}.$$

$d\mathfrak{r}\times\delta\mathfrak{r}$ ist nichts anderes als das gerichtete Flächenelement $d\mathfrak{f}$, und wenn wir seine Richtung, also die Normale zur Ebene von $d\mathfrak{r}$, $\delta\mathfrak{r}$ mit $\mathfrak{c}_1$ bezeichnen, so ist

$$d\mathfrak{r}\times\delta\mathfrak{r} = df\mathfrak{c}_1 = d\mathfrak{f}$$

und

$$\delta\mathfrak{v}\cdot d\mathfrak{r} - d\mathfrak{v}\cdot\delta\mathfrak{r} = \frac{d\times\mathfrak{v}}{d\mathfrak{r}_t}\cdot d\mathfrak{f}.$$

Mit dieser Beziehung ergibt sich:

$$\delta W = \int_{\mathfrak{r}_0}^{\mathfrak{r}_1}\delta(\mathfrak{v}\cdot d\mathfrak{r}) = \int_{\mathfrak{r}_0}^{\mathfrak{r}_1} d(\mathfrak{v}\cdot\delta\mathfrak{r}) + \int_{\mathfrak{r}_0}^{\mathfrak{r}_1}\frac{d\times\mathfrak{v}}{d\mathfrak{r}_t}\cdot d\mathfrak{f}.$$

Da wir zwischen festen Grenzen differenzieren, ist

$$\int_{\mathfrak{r}_0}^{\mathfrak{r}_1} d(\mathfrak{v}\cdot\delta\mathfrak{r}) = [(\mathfrak{v}\cdot\delta\mathfrak{r})_1 - (\mathfrak{v}\cdot\delta\mathfrak{r})_0] = 0. \text{ [2]}$$

Wir erhalten daher:

$$\delta W = \int\frac{d\times\mathfrak{v}}{d\mathfrak{r}_t}\cdot d\mathfrak{f}.$$

Es ist also die Variation δW gleich dem Flächenintegral von $d\times\mathfrak{v}/d\mathfrak{r}_t$ über jenen Flächenstreifen, der durch den ursprünglichen und den geänderten Integrationsweg gebildet wird.

---

[1] Leichter zu merken ist sie in der folgenden Form:

$$\mathfrak{a}\cdot(\mathfrak{c}\mathfrak{d} - \mathfrak{d}\mathfrak{c})\cdot\mathfrak{b} = \mathfrak{a}\times\mathfrak{d}\cdot\mathfrak{c}\times\mathfrak{b},$$

daher

$$d\mathfrak{v}\cdot(d\mathfrak{r}\,\delta\mathfrak{r} - \delta\mathfrak{r}\,d\mathfrak{r})\cdot\frac{1}{d\mathfrak{r}_t} = d\mathfrak{v}\times\frac{1}{d\mathfrak{r}_t}\cdot d\mathfrak{r}\times\delta\mathfrak{r}.$$

[2] Im anderen Falle wäre $\int_{\mathfrak{r}_0}^{\mathfrak{r}_1} d(\mathfrak{v}\cdot\delta\mathfrak{r}) = dW_1 - dW_0$, wobei dW_1 und dW_0 die Differentiale von W längs dem durch die beiden Grenzkurven bestimmten Integrationsweg wären; und wir würden dann nicht δW, sondern $\mathfrak{d}W$ erhalten.

Nun ist aber für den ersten Integrationsweg

$$W = \int_{\mathrm{I}\,\mathfrak{r}_0}^{\mathfrak{r}_1} \mathfrak{v} \cdot d\,\mathfrak{r}$$

und für den variierten Integrationsweg

$$W + \delta W = \int_{\mathrm{II}\,\mathfrak{r}_0}^{\mathfrak{r}_1} \mathfrak{v} \cdot d\,\mathfrak{r},$$

daher auch

$$\delta W = \delta \int_{\mathfrak{r}_0}^{\mathfrak{r}_1} \mathfrak{v} \cdot d\,\mathfrak{r} = \int_{\mathrm{II}\,\mathfrak{r}_0}^{\mathfrak{r}_1} \mathfrak{v} \cdot d\,\mathfrak{r} - \int_{\mathrm{I}\,\mathfrak{r}_0}^{\mathfrak{r}_1} \mathfrak{v} \cdot d\,\mathfrak{r}$$

oder

$$\delta W = \int_{\mathrm{II}\,\mathfrak{r}_0}^{\mathfrak{r}_1} \mathfrak{v} \cdot d\,\mathfrak{r} + \int_{\mathrm{I}\,\mathfrak{r}_1}^{\mathfrak{r}_0} \mathfrak{v} \cdot d\,\mathfrak{r} = \int_{0} \mathfrak{v} \cdot d\,\mathfrak{r}.$$

Das letzte Integral ist nun nichts anderes, als das Linienintegral über die durch die beiden Integrationswege gebildete geschlossene Kurve.

Setzen wir die beiden erhaltenen Werte für δW einander gleich,[1] so folgt:

$$\int_{0} \mathfrak{v} \cdot d\,\mathfrak{r} = \int \frac{d \times \mathfrak{v}}{d\,\mathfrak{r}_t} \cdot d\,\mathfrak{f}.$$

Diese Beziehung gilt nicht nur für Flächenstreifen, sondern auch für endliche Flächen, denn reihen wir dem ersten Flächenstreifen beliebig viele andere stetig an, so heben sich die Linienintegrale der Zwischengrenzen gegenseitig auf, und es bleiben nur die Randkurven übrig.

Es ist daher die durch Änderung des Integrationsweges erhaltene endliche Änderung des W

$$\int \delta W = \int_{\mathrm{II}\,\mathfrak{r}_0}^{\mathfrak{r}_1} \mathfrak{v} \cdot d\,\mathfrak{r} - \int_{\mathrm{I}\,\mathfrak{r}_0}^{\mathfrak{r}_1} \mathfrak{v} \cdot d\,\mathfrak{r} = \iint \frac{d \times \mathfrak{v}}{d\,\mathfrak{r}} \cdot d\,\mathfrak{f}.$$

---

[1]) Wir hätten auch sofort schreiben können:

$$\int_{\mathrm{II}\,\mathfrak{r}_0}^{\mathfrak{r}_1} \mathfrak{v} \cdot d\,\mathfrak{r} = \int_{\mathrm{I}\,\mathfrak{r}_0}^{\mathfrak{r}_1} \mathfrak{v} \cdot d\,\mathfrak{r} + \int_{0} \frac{d \times \mathfrak{v}}{d\,\mathfrak{r}_t} \cdot d\,\mathfrak{f}.$$

In dem speziellen Falle, wo der Integrationsweg I gleich 0 wird, erhalten wir

$$\int\limits_0 \mathfrak{v} \cdot d\mathfrak{r} = \iint \frac{d \times \mathfrak{v}}{d\mathfrak{r}} \cdot d\mathfrak{f}. \tag{91}$$

Dies ist der Satz von **Stokes**.

Es ist nun

$$dW = \mathfrak{v} \cdot d\mathfrak{r}$$

und

$$\mathfrak{v} = \frac{dW}{d\mathfrak{r}_t}.$$

Wir können daher auch schreiben:

$$dW = \frac{\partial W}{\partial r}\, dr = \frac{dW}{d\mathfrak{r}_t} \cdot d\mathfrak{r},$$

daher

$$\frac{\partial W}{\partial r} = \frac{dW}{d\mathfrak{r}_t} \cdot \mathfrak{r}_1. \tag{92}$$

Die Funktion W hat für jeden bestimmten Integrationsweg einen bestimmten Wert; ebenso hat $\partial W / \partial \mathfrak{r}$ für jede bestimmte Differentiationsrichtung einen bestimmten Wert. Für den totalen Differentialquotienten $dW / d\mathfrak{r}_t$ wird derselbe ein Maximum und für die Richtung senkrecht dazu wird er 0. Wir haben also auch hier, wie im Potentialfelde, Niveauflächen,

$$W = \text{konst.},$$

$$\frac{\partial W}{\partial r} = 0,$$

die das Feld darstellen, und deren orthogonale Trajektorien, die die Richtung der totalen Differentialquotienten angeben.

Nach (92) bleibt auch die graphische Darstellung der Differentialquotienten mit Hilfe einer Kugel dieselbe, wie im Potentialfelde, so daß wir nun wieder schreiben können:

$$\frac{\partial W}{\partial r} = \frac{\partial W}{\partial x}\,\frac{dx}{dr} + \frac{\partial W}{\partial y}\,\frac{dy}{dr} + \frac{\partial W}{\partial z}\,\frac{dz}{dr}, \tag{93}$$

$$\frac{dW}{d\mathfrak{r}_t} = \frac{\partial W}{\partial x}\,\mathfrak{i} + \frac{\partial W}{\partial y}\,\mathfrak{j} + \frac{\partial W}{\partial z}\,\mathfrak{k}. \tag{94}$$

Nur ist jetzt $\partial^2 W / \partial y\, \partial x - \partial^2 W / \partial x\, \partial y \lesseqgtr 0$ u. s. w.; denn die Reihenfolge der Differentiation ist nicht mehr gleichgültig, da die Funktion Φ eine andere Form erhält, wenn wir nach x differenzieren, als wenn wir nach y differenzieren.

Wir können dies durch Indizes hervorheben, wenn wir schreiben:

$$\frac{\partial W_r}{\partial r} = \frac{\partial W_x}{\partial x}\frac{dx}{dr} + \frac{\partial W_y}{\partial y}\frac{dy}{dr} + \frac{\partial W_z}{\partial z}\frac{dz}{dr} \tag{93}$$

und

$$W_x = \Phi_x(\mathfrak{r}) \text{ u. s. w.}$$

Wir können also aus dem Felde $W = \Phi(\mathfrak{r})$ ein Vektorfeld $\mathfrak{v} = f(\mathfrak{r})$ ableiten, für welches $d \times \mathfrak{v}/d\mathfrak{r} \lesseqgtr 0$ ist. Umgekehrt können wir jedes solche Vektorfeld auf das obige Skalarfeld zurückführen. Wir wollen dieses daher als „allgemeines Skalarfeld" bezeichnen.[1]) Das Potentialfeld ist ein besonderer Fall desselben. Aus diesem läßt sich nur ein Vektorfeld ableiten mit

$$\frac{d \times \mathfrak{v}}{d\mathfrak{r}} = 0$$

und umgekehrt. Dies ist also die Bedingung für

$$\Phi = F = \text{konst.}$$

Man vergleiche übrigens den Zusammenhang mit dem Ausdruck für die Variation δW.

Wir wollen nun schreiben:

$$\frac{d\mathfrak{v}}{d\mathfrak{r}} = \frac{d\,dW}{d\mathfrak{r}^2},$$

$$\frac{d \cdot \mathfrak{v}}{d\mathfrak{r}} = \frac{d \cdot dW}{d\mathfrak{r}^2},$$

$$\frac{d \times \mathfrak{v}}{d\mathfrak{r}} = \frac{d \times dW}{d\mathfrak{r}^2}.$$

Führen wir die beiden letzten Ausdrücke aus, so folgt:

$$\frac{d \cdot dW}{d\mathfrak{r}^2} = \frac{\partial^2 W}{\partial x^2} + \frac{\partial^2 W}{\partial y^2} + \frac{\partial^2 W}{\partial z^2}, \tag{95}$$

$$\left.\begin{aligned}\frac{d \times dW}{d\mathfrak{r}^2} = \left(\frac{\partial^2 W}{\partial z\,\partial y} - \frac{\partial^2 W}{\partial y\,\partial z}\right)\mathfrak{i} + \left(\frac{\partial^2 W}{\partial x\,\partial z} - \frac{\partial^2 W}{\partial z\,\partial x}\right)\mathfrak{j} \\ + \left(\frac{\partial^2 W}{\partial y\,\partial x} - \frac{\partial^2 W}{\partial x\,\partial y}\right)\mathfrak{k}.\end{aligned}\right\} \tag{96}$$

Den Stokesschen Satz können wir jetzt in der Form schreiben:

$$\int \frac{dW}{d\mathfrak{r}_t} \cdot d\mathfrak{r} = \iint \frac{d \times dW}{d\mathfrak{r}_t^2} \cdot d\mathfrak{f} \tag{91'}$$

---

[1]) Das symbolische Differential

$$dW = \frac{\partial W}{\partial x}dx + \frac{\partial W}{\partial y}dy + \frac{\partial W}{\partial z}dz$$

können wir gleichfalls als „allgemeines Differential" bezeichnen, das das sogenannte „vollständige Differential" als speziellen Fall einschließt.

und in der Schreibweise von Gibbs:

$$\int \nabla W \cdot d\mathfrak{r} = \iint \nabla \times \nabla W \cdot d\mathfrak{f}. \tag{91''}$$

Wir können diesen Satz noch auf folgende Form bringen: Es ist für ein Flächenelement $d\mathfrak{f}_t$, das die gleiche Richtung wie $d \times \mathfrak{v} / d\mathfrak{r}_t$ hat,

$$\frac{\delta W}{d\mathfrak{f}_t} = \frac{d \times \mathfrak{v}}{d\mathfrak{r}_t},\ ^{1)}$$

daher auch

$$\int \frac{dW}{d\mathfrak{r}_t} \cdot d\mathfrak{r} = \iint \frac{\delta W}{d\mathfrak{f}_t} \cdot d\mathfrak{f}$$

oder

$$\int \frac{\partial W}{\partial r}\ dr = \iint \frac{\delta W}{\partial f}\ df. \tag{91'''}$$

Als Beispiel einer veränderlichen skalaren Funktion wollen wir die Wärme betrachten. Ich habe dies bereits für den besonderen Fall der Gase getan,[2] obgleich ich die Wärme dort noch nicht als Funktion bezeichnet habe. Es sei nun derselbe Fall ganz allgemein für beliebige Körper behandelt.

Bei der Gelegenheit möchte ich erwähnen, daß diese Darstellung der ursprünglichen von Clausius wieder ziemlich nahe kommt, während man gegenwärtig bemüht ist, die durch die begrenzte Funktionsauffassung entstandene Schwierigkeit dadurch zu umgehen, daß man dQ nicht als Differential erscheinen läßt, indem man das d unterdrückt, oder es mit einem Unterscheidungszeichen versieht.

Um die Wärme als Funktion auszudrücken, genügen zwei veränderliche Größen. Wir haben es daher mit einem ebenen Problem zu tun. Ebenso wie die Wärme Q läßt sich auch die Arbeit A als veränderliche Funktion der zwei gewählten Veränderlichen darstellen, während die Eigenenergie E durch eine konstante Funktion derselben ausgedrückt wird.

---

[1] $d \times \mathfrak{v} / d\mathfrak{r}_t$ können wir also auch direkt als die Variation des W über ein Flächenelement in seiner Richtung, oder kürzer als die totale Flächenvariation des W bezeichnen.

[2] Eine Anwendung der Quaternionentheorie auf die thermodynam. Gleichungen. Journ. f. d. r. u. ang. Math. Bd. 124.

Es ist daher:

$$Q = \Phi_1(x\,y),$$
$$A = \Phi_2(x\,y),$$
$$E = F\ \ (x\,y)$$

und die unabhängig veränderliche Funktion, die den jeweiligen Integrationsweg bestimmt, sei

$$\varphi(x\,y) = 0.$$

Aus diesen Beziehungen folgt:

$$Q = A + E, \tag{97}$$
$$d\,Q = d\,A + d\,E,$$ [1]

$$\frac{d\,Q}{d\,\mathfrak{r}} = \frac{d\,A}{d\,\mathfrak{r}} + \frac{d\,E}{d\,\mathfrak{r}}, \tag{98}$$

$$\frac{d \times d\,Q}{d\,\mathfrak{r}^2} = \frac{d \times d\,A}{d\,\mathfrak{r}^2}. \tag{99}$$

In der Darstellung nach Gibbs:

$$\nabla Q = \nabla A + \nabla E,$$
$$\nabla \times \nabla Q = \nabla \times \nabla A.$$

Die letzte Beziehung lautet skalar:

$$\frac{\partial^2 Q}{\partial y\,\partial x} - \frac{\partial^2 Q}{\partial x\,\partial y} = \frac{\partial^2 A}{\partial y\,\partial x} - \frac{\partial^2 A}{\partial x\,\partial y}.$$

Dieselbe wurde bereits von Clausius aufgestellt. Sie ist nichts anderes als eine andere Form des in (97) und (98) ausgesprochenen Energieprinzips.

Nach dem Stokesschen Satz ist nun für einen geschlossenen Kreisprozeß:

$$\int \frac{d\,Q}{d\,\mathfrak{r}_t} \cdot d\,\mathfrak{r} = \iint \frac{d \times d\,Q}{d\,\mathfrak{r}_t^2} \cdot d\,\mathfrak{f}.$$

---

[1] Diese Darstellung ist wieder als symbolisch aufzufassen, da es eine unendlich kleine Wärme- oder Arbeitsmenge nicht gibt. Die eigentliche Darstellung des Änderungsgesetzes der betrachteten Funktionen geschieht durch die Differentialquotienten. Die symbolische Darstellung ist nur aus ihr abgeleitet. — Dabei sei auch bemerkt, daß das Auftreten der konstanten Funktion E eine allgemeinere Bedeutung hat. Eine solche konstante Funktion spielt bei den veränderlichen Funktionen die gleiche Rolle, wie die Integrationskonstante bei einer konstanten Funktion.

Diese Beziehung sagt aus, daß die bei dem Kreisprozeß zugeführte Wärme sich einerseits durch das Linienintegral von $dQ/d\mathfrak{r}$ über den geschlossenen Integrationsweg, andererseits

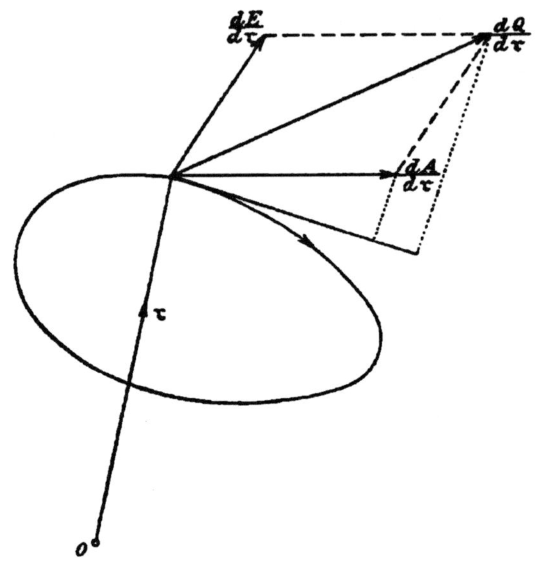

Fig. 19.

durch das Flächenintegral von $d \times dQ/d\mathfrak{r}^2$ über die eingeschlossene Fläche darstellen läßt (s. Fig. 19).

Ebenso ist:

$$\int \frac{dA}{d\mathfrak{r}_t} \cdot d\mathfrak{r} = \iint \frac{d \times dA}{d\mathfrak{r}_t^2} \cdot d\mathfrak{f},$$

daher

$$\int \frac{dQ}{d\mathfrak{r}_t} \cdot d\mathfrak{r} = \int \frac{dA}{d\mathfrak{r}_t} \cdot d\mathfrak{r},$$

$$\int \frac{dQ}{d\mathfrak{r}_t} \cdot d\mathfrak{r} = \iint \frac{d \times dA}{d\mathfrak{r}_t^2} \cdot d\mathfrak{f},$$

$$\int \frac{dA}{d\mathfrak{r}_t} \cdot d\mathfrak{r} = \iint \frac{d \times dQ}{d\mathfrak{r}_t^2} \cdot d\mathfrak{f}.$$

In Koordinatendarstellung schreibt sich dies:

$$\int \frac{\partial Q}{\partial x} dx + \frac{\partial Q}{\partial y} dy = \iint \left(\frac{\partial^2 Q}{\partial y \partial x} - \frac{\partial^2 Q}{\partial x \partial y} \right) dx\, dy,$$

$$\int \frac{\partial A}{\partial x} dx + \frac{\partial A}{\partial y} dy = \iint \left(\frac{\partial^2 A}{\partial y \partial x} - \frac{\partial^2 A}{\partial x \partial y} \right) dx\, dy$$

u. s. w.

Wir wollen nun die Gleichungen für den Fall spezialisieren, daß die äußeren Kräfte Druckkräfte sind. Dann ist

$$\frac{dA}{d\mathfrak{r}} = p\frac{dv}{d\mathfrak{r}} = p\frac{\partial v}{\partial x}\mathfrak{i} + p\frac{\partial v}{\partial y}\mathfrak{j}$$

und

$$\frac{d\times dA}{d\mathfrak{r}^2} = \left(\frac{\partial p}{\partial y}\frac{\partial v}{\partial x} - \frac{\partial p}{\partial x}\frac{\partial v}{\partial y}\right)\mathfrak{k}.$$

Ferner ist:

$$\frac{dQ}{d\mathfrak{r}} = T\frac{d\eta}{d\mathfrak{r}} = T\frac{\partial \eta}{\partial x}\mathfrak{i} + T\frac{\partial \eta}{\partial y}\mathfrak{j}$$

und

$$\frac{d\times dQ}{d\mathfrak{r}^2} = \left(\frac{\partial T}{\partial y}\frac{\partial \eta}{\partial x} - \frac{\partial T}{\partial x}\frac{\partial \eta}{\partial y}\right)\mathfrak{k},$$

daher

$$\frac{\partial p}{\partial y}\frac{\partial v}{\partial x} - \frac{\partial p}{\partial x}\frac{\partial v}{\partial y} = \frac{\partial T}{\partial y}\frac{\partial \eta}{\partial x} - \frac{\partial T}{\partial x}\frac{\partial \eta}{\partial y}.$$

Wir können nun weitere Spezialisierungen vornehmen. Setzen wir z. B.

$$x = v, \quad y = T,$$

so wird

$$\frac{dQ}{d\mathfrak{r}} = T\frac{\partial \eta}{\partial v}\mathfrak{i} + T\frac{\partial \eta}{\partial T}\mathfrak{j},$$

$$\frac{d\times dQ}{d\mathfrak{r}^2} = \frac{\partial \eta}{\partial v}\mathfrak{k},$$

$$\frac{dA}{d\mathfrak{r}} = p\,\mathfrak{i},$$

$$\frac{d\times dA}{d\mathfrak{r}^2} = \frac{\partial p}{\partial T}\mathfrak{k}$$

und

$$\frac{\partial p}{\partial T} = \frac{\partial \eta}{\partial v},$$

daher

$$\int\frac{dQ}{d\mathfrak{r}_t}\cdot d\mathfrak{r} = \int p\,\mathfrak{i}\cdot d\mathfrak{r} = \iint\frac{\partial p}{\partial T}\mathfrak{k}\cdot d\mathfrak{f} = \iint\frac{\partial \eta}{\partial v}\mathfrak{k}\cdot d\mathfrak{f}$$

$$\int T\frac{\partial \eta}{\partial v}dv + T\frac{\partial \eta}{\partial T}dT = \int p\,dv = \iint\frac{\partial p}{\partial T}dT\,dv = \iint\frac{\partial \eta}{\partial v}dT\,dv.$$

Entsprechende Resultate ergeben sich für

$$x = p, \quad y = T.$$

Wir wollen nun noch die beiden gebräuchlichen Fälle betrachten:

$$x = v, \qquad y = p,$$
$$x = \eta, \qquad y = T.$$

Im ersten Falle gilt:

$$\frac{dQ}{d\mathfrak{r}} = T\frac{\partial \eta}{\partial v}\mathfrak{i} + T\frac{\partial \eta}{\partial p}\mathfrak{j},$$

$$\frac{d \times dQ}{d\mathfrak{r}^2} = \left(\frac{\partial T}{\partial p}\frac{\partial \eta}{\partial v} - \frac{\partial T}{\partial v}\frac{\partial \eta}{\partial p}\right)\mathfrak{k},$$

$$\frac{dA}{d\mathfrak{r}} = p\mathfrak{i},$$

$$\frac{d \times dA}{d\mathfrak{r}^2} = \mathfrak{k},$$

daher

$$\frac{\partial T}{\partial p}\frac{\partial \eta}{\partial v} - \frac{\partial T}{\partial v}\frac{\partial \eta}{\partial p} = 1$$

und

$$\int \frac{dQ}{d\mathfrak{r}_t} \cdot d\mathfrak{r} = \int p\mathfrak{i} \cdot d\mathfrak{r} = \iint dp\, dv$$

(s. Fig. 20).

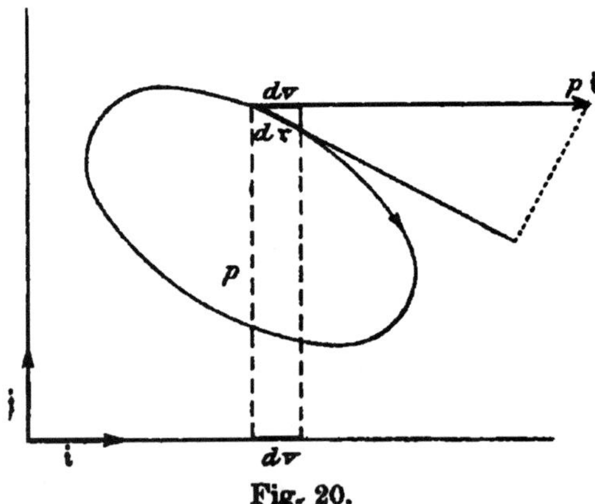

Fig. 20.

Im zweiten Falle ist:

$$\frac{dQ}{d\mathfrak{r}} = T\mathfrak{i},$$

$$\frac{d \times dQ}{d\mathfrak{r}^2} = \mathfrak{k},$$

$$\frac{dA}{d\mathfrak{r}} = p\frac{\partial v}{\partial \eta}\mathfrak{i} + p\frac{\partial v}{\partial T}\mathfrak{j},$$

$$\frac{d\times dA}{d\mathfrak{r}^2} = \left(\frac{\partial v}{\partial T}\frac{\partial v}{\partial \eta} - \frac{\partial p}{\partial \eta}\frac{\partial v}{\partial T}\right)\mathfrak{k},$$

daher

$$\frac{\partial p}{\partial T}\frac{\partial v}{\partial \eta} - \frac{\partial p}{\partial \eta}\frac{\partial v}{\partial T} = 1$$

und

$$\int \frac{dA}{d\mathfrak{r}_t}\cdot d\mathfrak{r} = \int T\mathfrak{i}\cdot d\mathfrak{r} = \iint d\,T d\eta.$$

Wir erkennen auch nach dem Stokesschen Satz, daß wenn

$$\frac{d\times dQ}{d\mathfrak{r}^2} = \frac{d\times dA}{d\mathfrak{r}^2} = \mathfrak{k}$$

ist, dann die Darstellungsebene ein Maß der Arbeit, bzw. Wärme ist. Im anderen Falle muß man sich jedes Element der Ebene mit dem skalaren Wert des zugehörigen curl multipliziert denken.[1])

Wir kommen nun zu dem Satze von Gauss. Es sei wieder das Feld eines Vektors gegeben durch

$$\mathfrak{v} = f(\mathfrak{r}),$$

dann ist das Flächenintegral dieses Vektors längs irgend einer Fläche im Felde zwischen zwei gegebenen Kurven C_0 und C

$$\int_{C_0}^{C} \mathfrak{v}\cdot d\mathfrak{f} = U - U_0.$$

Der Wert $U - U_0$ dieses Integrals ist skalar. Es ist der Fluß des Vektors $\mathfrak{v}$ durch die Fläche zwischen den gegebenen Grenzkurven.

Wir können auch jetzt wieder den Wert dieses Integrals auf zwei verschiedene Arten ändern. Erstens, indem wir auf der gegebenen Fläche die Kurve C stetig ändern, mit anderen Worten, indem wir unter Beibehaltung der Integrationsfläche die obere Grenze des Integrals ändern. Diese Änderung gibt das Differential dU. Zweitens können wir unter Beibehaltung

[1]) Der skalare Wert von $d\times dQ/d\mathfrak{r}^2$ ist nichts anderes, als die von Gibbs in den Thermodynamischen Studien, I. Kapitel: Graphische Methoden in der Thermodynamik der Flüssigkeiten, Leipzig 1892, mit $1/\gamma$ bezeichnete Größe. γ nennt er den Maßstab der Wärme und Arbeit.

der oberen und unteren Grenze C und C_0 die Integrationsfläche stetig ändern. Das gibt die Variation δU. Die letztere wollen wir nun bestimmen.

Wir betrachten die Ringfläche, die durch die ursprüngliche und variierte Fläche zwischen den unverändert gebliebenen Begrenzungskurven gebildet wird.

Es ist

$$\delta U = \delta \iint \mathfrak{v} \cdot d\mathfrak{f} = \iint \delta (\mathfrak{v} \cdot d\mathfrak{f})$$

und

$$\delta(\mathfrak{v} \cdot d\mathfrak{f}) = \mathfrak{v} \cdot \delta d\mathfrak{f} + \delta \mathfrak{v} \cdot d\mathfrak{f}.$$

Nun läßt sich wieder wie früher beweisen, daß

$$\delta d\mathfrak{f} = d\delta\mathfrak{f}.$$

Ferner ist

$$d(\mathfrak{v} \cdot \delta\mathfrak{f}) = d\mathfrak{v} \cdot \delta\mathfrak{f} + \mathfrak{v} \cdot d\delta\mathfrak{f},$$

daher

$$\delta(\mathfrak{v} \cdot d\mathfrak{f}) = d(\mathfrak{v} \cdot \delta\mathfrak{f}) - d\mathfrak{v} \cdot \delta\mathfrak{f} + \delta\mathfrak{v} \cdot d\mathfrak{f},$$

folglich

$$\delta U = \delta \iint \mathfrak{v} \cdot d\mathfrak{f} = \iint d(\mathfrak{v} \cdot \delta\mathfrak{f}) - \iint d\mathfrak{v} \cdot \delta\mathfrak{f} + \iint \delta\mathfrak{v} \cdot d\mathfrak{f}.$$ [1]

Das erste Integral auf der rechten Seite verschwindet, weil wir zwischen festen Grenzkurven integrieren. Das zweite Integral verschwindet ebenfalls, da innerhalb des von den beiden Flächen begrenzten Raumes sich die Änderungen der Flüsse aufheben. Das dritte Integral endlich stellt uns die Änderung des Flusses durch die variierte Fläche gegenüber der ursprünglichen Fläche dar. Wir können daher auch schreiben:

$$\iint \delta\mathfrak{v} \cdot d\mathfrak{f} = \iint \frac{d \cdot \mathfrak{v}}{d\mathfrak{r}} dv,$$

wobei dv ein Volumenelement darstellt.[2]

---

[1] Im anderen Falle wäre $\iint_{C_0}^{C_1} d(\mathfrak{v} \cdot \delta\mathfrak{f}) = dU_1 - dU_0$, wobei dU_1 und dU_0 die Differentiale von U längs den durch die beiden Grenzflächen bestimmten Integrationsflächen wären.

[2] Es ist nämlich:

$$\delta\mathfrak{v} \cdot d\mathfrak{f} = d\mathfrak{v} \frac{1}{d\mathfrak{r}_t} \cdot \delta\mathfrak{r} \cdot d\mathfrak{f} = d\mathfrak{v} \cdot \frac{1}{d\mathfrak{r}_t} (\delta\mathfrak{r} \cdot d\mathfrak{f}) = \frac{d \cdot \mathfrak{v}}{d\mathfrak{r}_t} dv.$$

Es bleibt also:

$$\delta U = \delta \iint \mathfrak{v} \cdot d\mathfrak{f} = \iint \frac{d \cdot \mathfrak{v}}{d\mathfrak{r}} dv.$$

Für zwei endlich verschiedene Flächen F_0 und F_1 erhalten wir, da sich wieder die Flächenintegrale der Zwischengrenzen gegenseitig aufheben,

$$\int \delta U = U_1 - U_0 = \int_{F_1} \int_{C_0}^{C_1} \mathfrak{v} \cdot d\mathfrak{f} - \int_{F_0} \int_{C_0}^{C_1} \mathfrak{v} \cdot d\mathfrak{f} = \iiint \frac{d \cdot \mathfrak{v}}{d\mathfrak{r}} dv.$$

Wir können daher das Integral der Variation der Strömung einmal darstellen durch zwei Flächenintegrale, das andere Mal durch ein Volumenintegral.

Verschwindet F_0 und geht F_1 in eine geschlossene Fläche über, so wird:

$$U = \iint \mathfrak{v} \cdot d\mathfrak{f} = \iiint \frac{d \cdot \mathfrak{v}}{d\mathfrak{r}} dv. \tag{100}$$

Dies ist der Satz von Gauss.

Für $d \cdot \mathfrak{v}/d\mathfrak{r} = 0$ wird

$$\int_{F_0} \int_{C_0}^{C_1} \mathfrak{v} \cdot d\mathfrak{f} = \int_{F_1} \int_{C_0}^{C_1} \mathfrak{v} \cdot d\mathfrak{f},$$

bzw. für eine geschlossene Fläche

$$\iint \mathfrak{v} \cdot d\mathfrak{f} = 0.$$

Für $d \cdot \mathfrak{v}/d\mathfrak{r} = 0$ wird also auch $\delta U = 0$, und der Fluß U ist unabhängig von der Form der durchströmten Fläche und nur abhängig von den Begrenzungskurven, d. h. von den Integrationsgrenzen. Es entspricht dann jeder bestimmten Kurve im Raume ein bestimmter Wert des Flusses. Im allgemeinen Falle kommt die Abhängigkeit des Flusses von der durchströmten Fläche hinzu. Diese bestimmt die unabhängig veränderliche Funktion φ. Bezeichnen wir zwei unabhängige skalare Veränderliche mit s und t, dann ist im allgemeinen Falle

$$\mathfrak{r} = \varphi(s, t),$$

$$U = \Phi(C),$$

$$\mathfrak{d} U = d U + \delta U,$$

und im besonderen Falle

$$U = F(C),$$

$$\mathfrak{d}\,U = d\,U.$$

Wir können den Gaussschen Satz noch auf verschiedene andere Formen bringen. Setzen wir zunächst:

$$d\mathfrak{f} = d\mathfrak{r}_1 \times d\mathfrak{r}_2,$$

$$dv = d\mathfrak{r}_1 \times d\mathfrak{r}_2 \cdot \delta\mathfrak{r}.$$

Dann erhalten wir aus (100)

$$\iint \mathfrak{v} \cdot d\mathfrak{r}_1 \times d\mathfrak{r}_2 = \iiint \frac{d \cdot \mathfrak{v}}{d\mathfrak{r}} d\mathfrak{r}_1 \times d\mathfrak{r}_2 \cdot \delta\mathfrak{r}. \qquad (100')$$

Setzen wir ferner

$$\mathfrak{v} = \frac{dW}{d\mathfrak{r}},$$

so ist

$$\iint \frac{dW}{d\mathfrak{r}} \cdot d\mathfrak{f} = \iiint \frac{d \cdot dW}{d\mathfrak{r}^2} dv. \qquad (100'')$$

Schließlich können wir auch schreiben:

$$\frac{d \cdot \mathfrak{v}}{d\mathfrak{r}} dv = \frac{\partial U}{dv} dv$$

und wenn wir mit $d\mathfrak{f}_t$ ein Flächenelement bezeichnen, dessen Normale parallel ist mit $\mathfrak{v}$, so ist

$$\mathfrak{v} \cdot d\mathfrak{f} = \frac{dU}{d\mathfrak{f}_t} \cdot d\mathfrak{f} = \frac{\partial U}{\partial f} df.$$ [1]

Der Satz von Gauss lautet dann:

$$\iint \frac{dU}{d\mathfrak{f}_t} \cdot d\mathfrak{f} = \iint \frac{\partial U}{\partial f} df = \iiint \frac{\partial U}{dv} dv. \qquad (100''')$$

Wir können nun in dem Gaussschen Satz an Stelle des einfachen Vektors $\mathfrak{v}$ beliebige zusammengesetzte Funktionen von $\mathfrak{r}$ einführen. Dadurch erlangen wir eine unbegrenzte Anzahl von Beziehungen. Das Zunächstliegende sind einfache Produktbildungen, die einen Vektor bestimmen. Von diesen

---

[1]) Es ist auch

$$\mathfrak{v} = \frac{dW}{d\mathfrak{r}_t} = \frac{dU}{d\mathfrak{f}_t},$$

und $d \cdot \mathfrak{v}/d\mathfrak{r}$ können wir auch als Raumvariation von U bezeichnen.

sind einige wichtig für die Beschreibung physikalischer Vorgänge geworden, und sie mögen hier angeführt werden.

Setzen wir zunächst

$$\mathfrak{v} = u\frac{dv}{d\mathfrak{r}},$$

dann ist

$$\iint u\frac{dv}{d\mathfrak{r}}\cdot d\mathfrak{f} = \iiint \frac{d\cdot\left(u\frac{dv}{d\mathfrak{r}}\right)}{d\mathfrak{r}}\,dv.$$

Nun wird

$$\frac{d\cdot\left(u\frac{dv}{d\mathfrak{r}}\right)}{d\mathfrak{r}} = \left(u\,d\left(\frac{dv}{d\mathfrak{r}}\right) + du\frac{dv}{d\mathfrak{r}}\right)\cdot\frac{1}{d\mathfrak{r}} = u\frac{d\cdot dv}{d\mathfrak{r}^2} + \frac{du}{d\mathfrak{r}}\cdot\frac{dv}{d\mathfrak{r}}.$$

Führen wir dies ein, so erhalten wir

$$\iint u\frac{dv}{d\mathfrak{r}}\cdot d\mathfrak{f} = \iiint u\frac{d\cdot dv}{d\mathfrak{r}^2}\,dv + \iiint \frac{du}{d\mathfrak{r}}\cdot\frac{dv}{d\mathfrak{r}}\,dv. \qquad (101)$$

In der Schreibweise von Gibbs:

$$\iint u\nabla v\cdot df = \iiint u\nabla\cdot\nabla v\,dv + \iiint \nabla u\cdot\nabla v\,dv. \qquad (101)$$

Ein entsprechendes Resultat erhalten wir für

$$\mathfrak{v} = v\frac{du}{d\mathfrak{r}}.$$

Setzen wir jetzt

$$\mathfrak{v} = u^2\frac{d\left(\frac{v}{u}\right)}{d\mathfrak{r}},$$

dann ist:

$$\iint u^2\frac{d\left(\frac{v}{u}\right)}{d\mathfrak{r}}\cdot d\mathfrak{f} = \iiint \frac{d\cdot\left(u^2\frac{d\left(\frac{v}{u}\right)}{d\mathfrak{r}}\right)}{d\mathfrak{r}}\,dv,$$

und

$$u^2\frac{d\left(\frac{v}{u}\right)}{d\mathfrak{r}} = u\frac{dv}{d\mathfrak{r}} - v\frac{du}{d\mathfrak{r}},$$

ferner

$$\frac{d\cdot\left(u^2\frac{d\left(\frac{v}{u}\right)}{d\mathfrak{r}}\right)}{d\mathfrak{r}} = \frac{d\cdot\left(u\frac{dv}{d\mathfrak{r}} - v\frac{du}{d\mathfrak{r}}\right)}{d\mathfrak{r}}$$

$$= u\frac{d\cdot dv}{d\mathfrak{r}^2} + \frac{du}{d\mathfrak{r}}\cdot\frac{dv}{d\mathfrak{r}} - v\frac{d\cdot du}{d\mathfrak{r}^2} - \frac{dv}{d\mathfrak{r}}\cdot\frac{du}{d\mathfrak{r}},$$

also

$$\frac{d\cdot\left(u\frac{dv}{d\mathfrak{r}}-v\frac{du}{d\mathfrak{r}}\right)}{d\mathfrak{r}}=u\,\frac{d\cdot dv}{d\mathfrak{r}^2}-v\,\frac{d\cdot du}{d\mathfrak{r}^2}.$$

Führen wir die erhaltenen Werte ein, so folgt:

$$\iint\left(u\frac{dv}{d\mathfrak{r}}-v\frac{du}{d\mathfrak{r}}\right)\cdot d\mathfrak{f}=\iiint\left(u\,\frac{d\cdot dv}{d\mathfrak{r}^2}-v\,\frac{d\cdot du}{d\mathfrak{r}^2}\right)dv. \quad (102)$$

In der Schreibweise von Gibbs:

$$\iint(u\nabla v-v\nabla u)\cdot d\mathfrak{f}=\iiint(u\nabla\cdot\nabla v-v\nabla\cdot\nabla u)\,dv. \quad (102)$$

Dieser und der vorhergehende Satz sind von Green.

Wird

$$\mathfrak{v}=u\,v\,\frac{dw}{d\mathfrak{r}},$$

dann ergibt der Satz von Gauss

$$\iint u\,v\,\frac{dw}{d\mathfrak{r}}\cdot d\mathfrak{f}=\iiint\frac{d\cdot\left(u\,v\,\frac{dw}{d\mathfrak{r}}\right)}{d\mathfrak{r}}\,dv.$$

Es ist aber

$$\frac{d\cdot\left(u\,v\,\frac{dw}{d\mathfrak{r}}\right)}{d\mathfrak{r}}=v\,\frac{du}{d\mathfrak{r}}\cdot\frac{dw}{d\mathfrak{r}}+u\,\frac{dv}{d\mathfrak{r}}\cdot\frac{dw}{d\mathfrak{r}}+u\,v\,\frac{d\cdot dw}{d\mathfrak{r}^2},$$

folglich

$$\left.\begin{aligned}\iint u\,v\,\frac{dw}{d\mathfrak{r}}\cdot d\mathfrak{f}&=\iiint v\,\frac{du}{d\mathfrak{r}}\cdot\frac{dw}{d\mathfrak{r}}\,dv\\&+\iiint u\,\frac{dv}{d\mathfrak{r}}\cdot\frac{dw}{d\mathfrak{r}}\,dv+\iiint u\,v\,\frac{d\cdot dw}{d\mathfrak{r}^2}.\end{aligned}\right\} \quad (103)$$

Durch Zusammenfassung von Faktoren können wir dies auch schreiben:

$$\iint u\,v\,\frac{dw}{d\mathfrak{r}}\cdot d\mathfrak{f}=\iiint v\,\frac{du}{d\mathfrak{r}}\cdot\frac{dw}{d\mathfrak{r}}\,dv+\iiint u\,\frac{d\cdot\left(v\,\frac{dw}{d\mathfrak{r}}\right)}{d\mathfrak{r}}\,dv, \quad (103')$$

$$\iint u\,v\,\frac{dw}{d\mathfrak{r}}\cdot d\mathfrak{f}=\iiint u\,\frac{dv}{d\mathfrak{r}}\cdot\frac{dw}{d\mathfrak{r}}\,dv+\iiint v\,\frac{d\cdot\left(u\,\frac{dw}{d\mathfrak{r}}\right)}{d\mathfrak{r}}\,dv. \quad (103'')$$

Dieser Satz ist von Thomson.

Führen wir statt $\mathfrak{v}$ in den Gaussschen Satz den Wert $\mathfrak{u} \times \mathfrak{v}$ ein, so erhalten wir:

$$\iint \mathfrak{u} \times \mathfrak{v} \cdot d\mathfrak{f} = \iiint \frac{d \cdot (\mathfrak{u} \times \mathfrak{v})}{d\mathfrak{r}} dv.$$

Nach (86) ist nun

$$\frac{d \cdot (\mathfrak{u} \times \mathfrak{v})}{d\mathfrak{r}} = \mathfrak{u} \cdot \frac{d \times \mathfrak{v}}{d\mathfrak{r}} - \mathfrak{v} \cdot \frac{d \times \mathfrak{u}}{d\mathfrak{r}},$$

daher

$$\iint \mathfrak{u} \times \mathfrak{v} \cdot d\mathfrak{f} = \iiint \mathfrak{u} \cdot \frac{d \times \mathfrak{v}}{d\mathfrak{r}} dv - \iiint \mathfrak{v} \cdot \frac{d \times \mathfrak{u}}{d\mathfrak{r}} dv. \quad (104)$$

Diesen Satz können wir den Satz von Poynting nennen, da er von ihm zum erstenmal auf das elektrodynamische Feld angewendet wurde.

Führen wir nun statt $\mathfrak{u}$ die magnetische Kraft $\mathfrak{H}$ und statt $\mathfrak{v}$ die elektrische Kraft $\mathfrak{F}$ ein, so erhalten wir:

$$\iint \mathfrak{H} \times \mathfrak{F} \cdot d\mathfrak{f} = \iiint \mathfrak{H} \cdot \frac{d \times \mathfrak{F}}{d\mathfrak{r}} dv - \iiint \mathfrak{F} \cdot \frac{d \times \mathfrak{H}}{d\mathfrak{r}} dv.$$

Es ist nun, wenn ε die Dielektrizitätskonstante, μ die Permeabilität bedeutet, und $\mathfrak{C}$ die Stromdichte pro Flächeneinheit ist,

$$-\frac{d \times \mathfrak{H}}{d\mathfrak{r}} = \varepsilon \frac{\partial \mathfrak{F}}{\partial t} + 4\pi \mathfrak{C}$$

$$\frac{d \times \mathfrak{F}}{d\mathfrak{r}} = \mu \frac{\partial \mathfrak{H}}{\partial t}. \text{ [1])}$$

---

[1]) Hier sei bemerkt, daß die Vektorfelder der magnetischen Kraft $\mathfrak{H}$ und der elektrischen Kraft $\mathfrak{F}$ beide von allgemeinen Skalarfeldern abgeleitet werden können. Es sei:

$$W_m = \int \mathfrak{H} \cdot d\mathfrak{r},$$

$$W_e = \int \mathfrak{F} \cdot d\mathfrak{r}.$$

W_m stellt uns somit die Arbeit der magnetischen Einheitsmasse und W_e die Arbeit der elektrischen Einheitsmasse, auch elektromotorische Kraft genannt, vor. Daher ist

$$\mathfrak{H} = \frac{d\, W_m}{d\mathfrak{r}},$$

$$\mathfrak{F} = \frac{d\, W_e}{d\mathfrak{r}}$$

und

$$\frac{d \times \mathfrak{H}}{d\mathfrak{r}} = \frac{d \times d\, W_m}{d\mathfrak{r}^2},$$

$$\frac{d \times \mathfrak{F}}{d\mathfrak{r}} = \frac{d \times d\, W_e}{d\mathfrak{r}^2}.$$

Setzen wir diese Beziehungen in die obige Gleichung ein, so folgt:

$$\iint \mathfrak{H} \times \mathfrak{F} \cdot d\mathfrak{f} = \iiint \left(\mu \mathfrak{H} \cdot \frac{\partial \mathfrak{H}}{\partial t} + \varepsilon \mathfrak{F} \cdot \frac{\partial \mathfrak{F}}{\partial t} + 4\pi \mathfrak{F} \cdot \mathfrak{C} \right) dv.$$

Bezeichnen wir die magnetische Energie pro Volumeinheit mit E_μ und die elektrische Energie pro Volumeinheit mit E_ε, so ist:

$$E_\mu = \frac{\mu}{8\pi} \mathfrak{H} \cdot \mathfrak{H},$$

$$E_\varepsilon = \frac{\varepsilon}{8\pi} \mathfrak{F} \cdot \mathfrak{F}.$$

Ferner ist die in der Volumeinheit pro Zeiteinheit im Felde erzeugte Wärme, wenn ϱ der spezifische Widerstand ist:

$$W = \varrho \mathfrak{C} \cdot \mathfrak{C} = \mathfrak{F} \cdot \mathfrak{C}.$$

Daher ist die Änderung der gesamten Energie E der Volumeinheit pro Zeiteinheit:

$$\frac{\partial E}{\partial t} = \frac{\mu}{4\pi} \mathfrak{H} \cdot \frac{\partial \mathfrak{H}}{\partial t} + \frac{\varepsilon}{4\pi} \mathfrak{F} \cdot \frac{\partial \mathfrak{F}}{\partial t} + \mathfrak{F} \cdot \mathfrak{C}.$$

Führen wir diesen Wert in das obige Volumintegral ein, so erhalten wir

$$\iint \mathfrak{H} \times \mathfrak{F} \cdot d\mathfrak{f} = 4\pi \iiint \frac{\partial E}{\partial t} dv. \tag{105}$$

Setzen wir

$$\mathfrak{H} \times \mathfrak{F} = \mathfrak{A},$$

dann geht (105) über in

$$\iint \mathfrak{A} \cdot d\mathfrak{f} = \iiint \frac{d \cdot \mathfrak{A}}{d\mathfrak{r}} dv = 4\pi \iiint \frac{\partial E}{\partial t} dv. \tag{105'}$$

Es ist somit

$$\frac{d \cdot \mathfrak{A}}{d\mathfrak{r}} = 4\pi \frac{\partial E}{\partial t}. \tag{106}$$

In der gewöhnlichen Schreibweise lautet dies:

$$\operatorname{div} \mathfrak{A} = 4\pi \frac{\partial E}{\partial t} \tag{106}$$

oder

$$\operatorname{div} (\mathfrak{H} \times \mathfrak{F}) = 4\pi \frac{\partial E}{\partial t}. \tag{106}$$

Diese Differentialgleichung, als Folge der beiden Maxwellschen Differentialgleichungen, ist es eigentlich, die das Energiewanderungsgesetz ergibt.

Gehen wir nun von der Differentialgleichung (106) auf die Integralgleichung (105) über, so ist bei der letzteren noch zu beachten, daß wir dem Vektor $\mathfrak{A}$ stets einen Vektor hinzufügen können, dessen innerer totaler Differentialquotient gleich 0 ist, d. h. also, wenn:

$$\mathfrak{A} = \mathfrak{A}_1 + \mathfrak{A}_2,$$

$$\frac{d \cdot \mathfrak{A}_2}{d \mathfrak{r}} = 0,$$

so ist auch:

$$\iint \mathfrak{A} \cdot d\mathfrak{f} = \iint \mathfrak{A}_1 \cdot d\mathfrak{f} = \iiint \frac{d \cdot \mathfrak{A}}{d \mathfrak{r}} dv.$$

Es gilt hier dasselbe, was bereits bei Verwendung des Stokesschen Satzes erwähnt wurde. Auch beim Gaussschen Satz ist die allgemeine Strömungsfunktion bis auf eine Konstante Strömungsfunktion (mit $\delta U = 0$) bestimmt, die die Rolle einer Integrationskonstanten spielt.[1]) Zu erwähnen ist noch, daß E die Energie pro Volumeinheit ist, während die Strömung U selbst durch die Energie pro Zeiteinheit bestimmt wird. Es ist also auch:

$$\mathfrak{A} = \frac{dU}{d\mathfrak{f}_t}, \qquad \frac{d \cdot \mathfrak{A}}{d \mathfrak{r}} = \frac{\delta U}{dv},$$

daher wird (105′) wieder

$$\iint \frac{dU}{d\mathfrak{f}_t} \cdot d\mathfrak{f} = \iiint \frac{\delta U}{dv} dv, \qquad (105'')$$

und der Gausssche Satz spricht in (105″) das Energieprinzip in der Form aus, daß in gleichen Zeiten so viel Energie aus einem begrenzten Teil des Feldes ausströmt, als in dessen Innern abgegeben wurde.

Schließlich wollen wir noch statt $\mathfrak{v}$ den Wert $w \mathfrak{n} \times \mathfrak{v}$ in den Gaussschen Satz einführen, dann erhalten wir

$$\iint w \mathfrak{n} \times \mathfrak{v} \cdot d\mathfrak{f} = \iiint \frac{d \cdot (w \mathfrak{n} \times \mathfrak{v})}{d \mathfrak{r}} dv,$$

---

[1]) Siehe die Bemerkung bei Ferraris, Wissenschaftliche Grundlagen der Elektrotechnik. — Leipzig 1901. S. 338.

und aus

$$\frac{d \cdot (w\,\mathfrak{u} \times \mathfrak{v})}{d\,\mathfrak{r}} = \frac{d\,w}{d\,\mathfrak{r}} \cdot \mathfrak{u} \times \mathfrak{v} + w\,\frac{d \cdot (\mathfrak{u} \times \mathfrak{v})}{d\,\mathfrak{r}}$$

folgt:

$$\iint w\,\mathfrak{u} \times \mathfrak{v} \cdot d\,\mathfrak{f} = \iiint \frac{d\,w}{d\,\mathfrak{r}} \cdot \mathfrak{u} \times \mathfrak{v}\,d\,v + \iiint w\,\frac{d \cdot (\mathfrak{u} \times \mathfrak{v})}{d\,\mathfrak{r}}\,d\,v. \quad (107)$$

Eine allgemeinere Fassung erhält der Satz von **Poynting** auch, wenn wir statt $\mathfrak{u} \times \mathfrak{v}$ setzen:

$$\frac{d\,u}{d\,\mathfrak{r}} \times \frac{d\,v}{d\,\mathfrak{r}}.$$

Es ergibt sich dann:

$$\iint \frac{d\,u}{d\,\mathfrak{r}} \times \frac{d\,v}{d\,\mathfrak{r}} \cdot d\,\mathfrak{f} = \iiint \left(\frac{d\,u}{d\,\mathfrak{r}} \cdot \frac{d \times d\,v}{d\,\mathfrak{r}^2} - \frac{d\,v}{d\,\mathfrak{r}} \cdot \frac{d \times d\,u}{d\,\mathfrak{r}^2} \right) d\,v. \quad (104')$$

Auf das elektromagnetische Feld angewendet, müßten wir hier statt u und v die Arbeiten der magnetischen und elektrischen Einheitsmassen W_e und W_m einführen.

Sind u und v konstante skalare Funktionen, also Potentiale, so folgt aus dem Satz von **Poynting**:

$$\iint \frac{d\,u}{d\,\mathfrak{r}} \times \frac{d\,v}{d\,\mathfrak{r}} \cdot d\,\mathfrak{f} = 0,$$

mithin auch

$$\frac{d \cdot \left(\frac{d\,u}{d\,\mathfrak{r}} \times \frac{d\,v}{d\,\mathfrak{r}} \right)}{d\,\mathfrak{r}} = 0. \quad (108)$$

Auch der ersten Form des **Greenschen** Satzes können wir eine einheitliche Gestalt geben, indem wir setzen:

$$\mathfrak{v} = \frac{d(u\,v)}{d\,\mathfrak{r}}.$$

Es ist dann:

$$\left.\begin{aligned} &\iint \left(u\,\frac{d\,v}{d\,\mathfrak{r}} + v\,\frac{d\,u}{d\,\mathfrak{r}} \right) \cdot d\,\mathfrak{f} \\ &\quad = \iiint \left(u\,\frac{d \cdot d\,v}{d\,\mathfrak{r}^2} + 2\,\frac{d\,u}{d\,\mathfrak{r}} \cdot \frac{d\,v}{d\,\mathfrak{r}} + v\,\frac{d \cdot d\,u}{d\,\mathfrak{r}^2} \right) d\,v. \end{aligned}\right\} \quad (109)$$

Ein spezieller Fall ergibt sich mit

$$\mathfrak{v} = \frac{d\,u^2}{d\,\mathfrak{r}},$$

$$\iint u\,\frac{d\,u}{d\,\mathfrak{r}} \cdot d\,\mathfrak{f} = \iiint \left(u\,\frac{d \cdot d\,u}{d\,\mathfrak{r}^2} + \frac{d\,u}{d\,\mathfrak{r}} \cdot \frac{d\,u}{d\,\mathfrak{r}} \right) d\,v. \quad (110)$$

Allgemein wird für

$$\mathfrak{v} = \frac{d u^n}{d \mathfrak{r}},$$

$$\iint u^{n-1} \frac{du}{d\mathfrak{r}} \cdot d\mathfrak{f} = \iiint \left[u^{n-1} \frac{d \cdot du}{d\mathfrak{r}^2} + (n-1) u^{n-2} \frac{du}{d\mathfrak{r}} \cdot \frac{du}{d\mathfrak{r}} \right] dv. \quad (111)$$

Der Thomsonsche Satz läßt sich ebenfalls allgemeiner fassen, wenn wir setzen:

$$\mathfrak{v} = \frac{d(u v w)}{d \mathfrak{r}}.$$

Wir haben nun die zunächstliegenden Produktbildungen betrachtet und könnten ebenso beliebige andere wählen. Immer handelt es sich um die Anwendung einer allgemeinen Regel, die durch den Gaussschen Satz gegeben ist. Solche Anwendungen als selbständige Sätze zu bezeichnen, wie dies bisher geschah, ist daher ungerechtfertigt.

Dasselbe gilt vom Stokesschen Satz. Setzen wir in demselben z. B.

$$\mathfrak{v} = \frac{d(u v)}{d \mathfrak{r}},$$

so erhalten wir

$$\int \left(u \frac{dv}{d\mathfrak{r}} + v \frac{du}{d\mathfrak{r}} \right) \cdot d\mathfrak{r} = \iint \left(u \frac{d \times dv}{d\mathfrak{r}^2} + v \frac{d \times du}{d\mathfrak{r}^2} \right) \cdot d\mathfrak{f},$$

oder statt $\mathfrak{v}$

$$\mathfrak{u} \times \mathfrak{v},$$

so wird

$$\int \mathfrak{u} \times \mathfrak{v} \cdot d\mathfrak{r} = \iint \left(\mathfrak{u} \times \frac{d \times \mathfrak{v}}{d\mathfrak{r}} - \mathfrak{v} \times \frac{d \times \mathfrak{u}}{d\mathfrak{r}} \right) \cdot d\mathfrak{f}.$$

Der Stokessche und der Gausssche Satz sind durchaus nicht die einzigen derartigen Sätze,[1]) sondern sie sind wieder nur spezielle Fälle der allgemeinen Regel, daß man durch Variation von einem geschlossenen Integral zum nächst höheren gelangt.[2])

Hätten wir z. B. das Integral

$$\mathfrak{w} = \int V d\mathfrak{r}.$$

---

[1]) Siehe Föppl, Einführung in Maxwells Theorie. Gibbs-Wilson, Vektor-Analysis.

[2]) Im mehrdimensionalen Raum, wo wir auch Volumina als gerichtete Größen betrachten können, können wir auch höhere als dreifache Integrale behandeln.

V sei eine konstante skalare Funktion, dann ist $\mathfrak{w}$ eine allgemeine Vektorfunktion, da sein Wert abhängig ist vom Integrationsweg, und daher die Variation $\delta\mathfrak{w}$ nicht verschwindet.

Es ist nun wieder

$$\delta(V d\mathfrak{r}) - d(V\delta\mathfrak{r}) = \delta V d\mathfrak{r} - dV\delta\mathfrak{r},$$

$$\delta V d\mathfrak{r} - dV\delta\mathfrak{r} = \frac{dV}{d\mathfrak{r}_t}\cdot\delta\mathfrak{r}\, d\mathfrak{r} - \frac{dV}{d\mathfrak{r}_t}\cdot d\mathfrak{r}\,\delta\mathfrak{r}.$$

Nach der allgemeinen Regel

$$\mathfrak{a}\cdot\mathfrak{c}\mathfrak{b} - \mathfrak{a}\cdot\mathfrak{b}\mathfrak{c} = \mathfrak{a}\times(\mathfrak{b}\times\mathfrak{c})$$

folgt

$$\frac{dV}{d\mathfrak{r}_t}\cdot\delta\mathfrak{r}\, d\mathfrak{r} - \frac{dV}{d\mathfrak{r}_t}\cdot d\mathfrak{r}\,\delta\mathfrak{r} = \frac{dV}{d\mathfrak{r}_t}\times(d\mathfrak{r}\times\delta\mathfrak{r}) = \frac{dV}{d\mathfrak{r}_t}\times d\mathfrak{f}.$$

Daher wird

$$\delta(V d\mathfrak{r}) - d(V\delta\mathfrak{r}) = \frac{dV}{d\mathfrak{r}_t}\times d\mathfrak{f},$$

und weil $\int d(V\delta\mathfrak{r}) = 0$ ist,[1]) da sich die Variation immer zwischen konstanten Grenzen, bzw. über ein geschlossenes Element erstreckt, so wird

$$\delta\mathfrak{w} = \delta\int V d\mathfrak{r} = \int\frac{dV}{d\mathfrak{r}_t}\times d\mathfrak{f},$$

und

$$\int\delta\mathfrak{w} = \int V d\mathfrak{r} = \iint\frac{dV}{d\mathfrak{r}_t}\times d\mathfrak{f}. \qquad (112)$$

Für $V =$ konst. wird $\delta\mathfrak{w} = 0$ und $\mathfrak{w}$ eine konstante Vektorfunktion, die also unabhängig ist vom Integrationsweg.

In gleicher Weise erhalten wir

$$\int\mathfrak{v}\, d\mathfrak{r} = \iint\frac{d\mathfrak{v}}{d\mathfrak{r}_t}\times d\mathfrak{f}. \qquad (113)$$

Ebenso wird

$$\int\mathfrak{v}\times d\mathfrak{r} = \iint d\mathfrak{f}\cdot\frac{d\mathfrak{v}}{d\mathfrak{r}_t} - \iint\frac{d\cdot\mathfrak{v}}{d\mathfrak{r}_t}d\mathfrak{f}. \qquad (114)$$

Ähnlich wie zum Gaussschen Satz, gelangen wir auch zu

$$\iint V d\mathfrak{f} = \iiint\frac{dV}{d\mathfrak{r}}dv. \qquad (115)$$

---

[1]) Im anderen Falle bildet die Variation des Integrationsweges doch wieder nur einen Teil des ganzen geschlossenen Integrationsweges.

Setzen wir z. B. statt V den Wert V/r, wobei V eine veränderliche Dichte bedeuten kann, dann wird

$$\frac{d\left(\frac{V}{r}\right)}{d\mathfrak{r}} = \frac{1}{r}\frac{dV}{d\mathfrak{r}} - \frac{V}{r^2}\mathfrak{r}_1$$

und

$$\iint \frac{V}{r}\,d\mathfrak{f} = \iiint \frac{1}{r}\frac{dV}{d\mathfrak{r}}\,dv - \iiint \frac{V}{r^2}\mathfrak{r}_1\,dv.$$

Wenn nun V an der Begrenzungsfläche des Feldes verschwindet, so gilt für diese

$$\iint \frac{V}{r}\,d\mathfrak{f} = 0,$$

daher

$$\iiint \frac{1}{r}\frac{dV}{d\mathfrak{r}}\,dv = \iiint \frac{V}{r^2}\mathfrak{r}_1\,dv.$$

Die Volumintegrale erstrecken sich dann über den ganzen Feldraum.

Man kann den zuletzt angeführten Satz auch zum Beweis des hydrostatischen Paradoxons verwenden. Wir hätten ein mit Flüssigkeit gefülltes Gefäß von beliebiger Mantelfläche, dann ist, wenn h die Entfernung von der Oberfläche und γ das spezifische Gewicht bedeutet, der Druck pro Flächeneinheit in jedem Punkte

$$p = \gamma h,$$

daher

$$\frac{dp}{d\mathfrak{r}} = \frac{dp}{dh}\mathfrak{k} = \gamma\mathfrak{k}$$

und

$$\iint \gamma h\,d\mathfrak{f} = \iiint \gamma\mathfrak{k}\,dv.$$

Nun ist der Teil des Flächenintegrals, der sich über die Oberfläche erstreckt, gleich 0, und derjenige über die Grundfläche F, wenn wir mit H die Höhe der Flüssigkeit bezeichnen, ist $\gamma H F \mathfrak{k}$. Dieser ist daher unabhängig von der Gestalt des Gefäßes. Es bleibt noch der Teil über die Mantelfläche. Denselben können wir in eine horizontale und eine vertikale Komponente zerlegen. Die erstere wird stets 0, die letztere hat je nach der Gestalt des Gefäßes einen verschiedenen Wert, der sowohl positiv als auch negativ werden kann.

Wir erhalten also

$$\gamma H F \mathfrak{k} + \gamma \mathfrak{k} \iint_M h\, d f_x = \gamma V \mathfrak{k}.$$

Bezeichnen wir den Gesamtdruck auf die Grundfläche mit $\mathfrak{P}$, das Gesamtgewicht der Flüssigkeit mit $\mathfrak{G}$, so wird

$$\mathfrak{P} + \gamma \mathfrak{k} \iint_M h\, d f_x = \mathfrak{G}.$$

Für ein zylindrisches Gefäß ist

$$\iint_M h\, d f_x = 0,$$

und

$$\mathfrak{P} = \mathfrak{G}.$$

Wenn wir statt einer Flüssigkeit einen festen Körper betrachten, so gilt das letztere für jede beliebige Form des Körpers.

Wir haben jetzt die Integrale im Skalar- und Vektorfeld betrachtet. Wir wollen nun auch diejenigen im Ellipsoidfeld kurz berühren.

Es sei zunächst

$$w = \int \Phi \cdot d\mathfrak{r}.$$

Wir können dies auch schreiben

$$\mathfrak{w} = \int \frac{d\mathfrak{w}}{d\mathfrak{r}_t} \cdot d\mathfrak{r} = \int \frac{\partial \mathfrak{w}}{\partial r} dr.$$

Durch Variation erhalten wir wieder für einen geschlossenen Integrationsweg

$$\int \Phi \cdot d\mathfrak{r} = \iint \frac{d \times \Phi}{d\mathfrak{r}} \cdot d\mathfrak{f} \tag{116}$$

oder

$$\int \frac{d\mathfrak{w}}{d\mathfrak{r}_t} \cdot d\mathfrak{r} = \iint \frac{d \times d\mathfrak{w}}{d\mathfrak{r}_t^2} \cdot d\mathfrak{f}. \tag{116'}$$

Diese Gleichung ist eine direkte Verallgemeinerung des Stokesschen Satzes und wir können sie durch Zerlegung in drei Komponentengleichungen wieder auf diesen zurückführen.[1])

[1]) Die Komponentengleichungen lauten:

$$\int \frac{d w_x}{d\mathfrak{r}_t} \cdot d\mathfrak{r} = \iint \frac{d \times d w_x}{d\mathfrak{r}_t^2} \cdot d\mathfrak{f}$$

u. s. w.

Es wird auch hier im allgemeinen Fall der Wert von $\mathfrak{w}$ abhängig vom Integrationsweg, also $\mathfrak{w}$ eine variable Vektorfunktion sein.

Für $d \times \Phi / d\mathfrak{r} = 0$ wird $\mathfrak{w}$ unabhängig vom Integrationswege, also eine konstante Vektorfunktion.

Zerlegen wir $d \times d\mathfrak{w}/d\mathfrak{r}^2$ in seine Komponenten, so erhalten wir

$$\left.\begin{aligned}\frac{d\times d\mathfrak{w}}{d\mathfrak{r}^2} = \left(\frac{\partial^2 \mathfrak{w}}{\partial z\,\partial y} - \frac{\partial^2 \mathfrak{w}}{\partial y\,\partial z}\right)\mathfrak{i} + \left(\frac{\partial^2 \mathfrak{w}}{\partial x\,\partial z} - \frac{\partial^2 \mathfrak{w}}{\partial z\,\partial x}\right)\mathfrak{j} \\ + \left(\frac{\partial^2 \mathfrak{w}}{\partial y\,\partial x} - \frac{\partial^2 \mathfrak{w}}{\partial x\,\partial y}\right)\mathfrak{k},\end{aligned}\right\} \tag{117}$$

wobei

$$\frac{\partial^2 \mathfrak{w}}{\partial z\,\partial y} = \frac{\partial^2 w_x}{\partial z\,\partial y}\mathfrak{i} + \frac{\partial^2 w_y}{\partial z\,\partial y}\mathfrak{j} + \frac{\partial^2 w_z}{\partial z\,\partial y}\mathfrak{k}.$$

Wir können aber auch schreiben:

$$\frac{d\times d\mathfrak{w}}{d\mathfrak{r}^2} = d\times d(w_x\mathfrak{i} + w_y\mathfrak{j} + w_z\mathfrak{k})\frac{1}{d\mathfrak{r}^2},$$

daher auch

$$\frac{d\times d\mathfrak{w}}{d\mathfrak{r}^2} = \mathfrak{i}\,\frac{d\times d w_x}{d\mathfrak{r}^2} + \mathfrak{j}\,\frac{d\times d w_y}{d\mathfrak{r}^2} + \mathfrak{k}\,\frac{d\times d w_z}{d\mathfrak{r}^2} \tag{118}$$

oder

$$\frac{d\times d\mathfrak{w}}{d\mathfrak{r}^2} = \frac{d\times d\mathfrak{w}_x}{d\mathfrak{r}^2} + \frac{d\times d\mathfrak{w}_y}{d\mathfrak{r}^2} + \frac{d\times d\mathfrak{w}_z}{d\mathfrak{r}^2}. \tag{118'}$$

Wir sehen also, daß, wenn das Vektorfeld eine veränderliche Funktion ist, dies auch die Felder der Komponenten sind. Die Bedingung für eine konstante Vektorfunktion können wir daher auch durch die Komponentengleichungen ausdrücken:

$$\frac{\partial^2 \mathfrak{w}}{\partial y\,\partial x} = \frac{\partial^2 \mathfrak{w}}{\partial x\,\partial y}$$

u. s. w.

oder

$$\frac{d\times d w_x}{d\mathfrak{r}^2} = 0$$

u. s. w.

Die Verallgemeinerung des Gaussschen Satzes im Ellipsoidfelde ist

$$\mathfrak{u} = \iint \Phi \cdot d\mathfrak{f} = \iiint \frac{d\cdot\Phi}{d\mathfrak{r}}\,dv \tag{119}$$

oder

$$\iint \frac{d\,\mathfrak{w}}{d\mathfrak{r}} \cdot df = \iiint \frac{d\cdot d\mathfrak{w}}{d\mathfrak{r}^2}\,dv. \tag{119'}$$

Die Komponentengleichungen lauten:

$$\mathfrak{u}_x = \iint \frac{d\,w_x}{d\,\mathfrak{r}_x} \cdot d\,\mathfrak{f} = \iiint \frac{d \cdot d\,w_x}{d\,\mathfrak{r}^2}\,d\,v$$

u. s. w.

Auch hier ist im allgemeinen Falle die Strömungsfunktion abhängig von der Integrationsfläche. Sie wird unabhängig von dieser für

$$\frac{d \cdot d\,\mathfrak{w}}{d\,\mathfrak{r}^2} = 0.$$

In Komponentendarstellung erhalten wir für

$$\frac{d \cdot d\,\mathfrak{w}}{d\,\mathfrak{r}^2} = \frac{\partial^2\,\mathfrak{w}}{d\,x^2} + \frac{\partial^2\,\mathfrak{w}}{\partial\,y^2} + \frac{\partial^2\,\mathfrak{w}}{\partial\,z^2} \tag{120}$$

oder

$$\frac{d \cdot d\,\mathfrak{w}}{d\,\mathfrak{r}^2} = \frac{d \cdot d\,w_x}{d\,\mathfrak{r}^2}\,\mathfrak{i} + \frac{d \cdot d\,w_y}{d\,\mathfrak{r}^2}\,\mathfrak{j} + \frac{d \cdot d\,w_z}{d\,\mathfrak{r}^2}\,\mathfrak{k}, \tag{121}$$

$$\frac{d \cdot d\,\mathfrak{w}}{d\,\mathfrak{r}^2} = \frac{d \cdot d\,\mathfrak{w}_x}{d\,\mathfrak{r}^2} + \frac{d \cdot d\,\mathfrak{w}_y}{d\,\mathfrak{r}^2} + \frac{d \cdot d\,\mathfrak{w}_z}{d\,\mathfrak{r}^2}. \tag{121'}$$

Ist daher die Strömungsfunktion $\mathfrak{u}$ variabel, so sind es auch ihre Komponenten u_x, u_y, u_z.

Nachtrag.

Zu S. 59. — Wir haben

$$\delta W = \int \frac{d \times \mathfrak{v}}{d \mathfrak{r}_t} \cdot d \mathfrak{f},$$

$$\delta W = \frac{d \times \mathfrak{v}}{d \mathfrak{r}_t} \cdot d \mathfrak{f}.$$

Im ersten Fall erstreckt sich δW über einen Flächenstreifen, ist also erster Ordnung, im zweiten Fall über ein Flächenelement, ist daher zweiter Ordnung. Ebenso müssen wir auch zwischen Flächendifferentialen erster und zweiter Ordnung unterscheiden. Bei der Integration kommt dies durch ein einfaches oder doppeltes Integralzeichen zur Geltung. Es wäre nicht unangebracht, im Zweifelfalle auch bei den Differentialen eine Unterscheidung durch Indizes zu treffen; z. B. $\delta_1 W$ und $\delta_2 W$ zu schreiben.

Aus (93‴) erkennen wir, daß wir W einmal als veränderliche Lagenfunktion, das andere Mal als konstante Strömungsfunktion auffassen können[1]), und umgekehrt.

Es ist nun für ein Flächenelement $d \mathfrak{f}_t$ senkrecht zur Strömungsrichtung die durchströmende Menge pro Flächeneinheit $\delta W / d \mathfrak{f}_t$. Für ein Element $d \mathfrak{f}$, das mit $d \mathfrak{f}_t$ den Winkel α einschließt, ist

$$\frac{\delta_\alpha W}{\partial f} = \frac{\delta W \cos^2 \alpha}{d f_t \cos \alpha} = \frac{\delta W}{d f_t} \cos \alpha,$$

oder

$$\frac{\delta_\alpha W}{\partial f} = \frac{\delta W}{d \mathfrak{f}_t} \cdot \mathfrak{f}_1, \tag{122}$$

---

[1]) Es ist

$$d W = \frac{d W}{d \mathfrak{r}_t} \cdot d \mathfrak{r},$$

$$\delta W = \frac{\delta W}{d \mathfrak{f}_t} \cdot d \mathfrak{f}.$$

wobei $\mathfrak{f}_1$ eine gerichtete Einheitsfläche bedeutet. Den Index α wollen wir künftig fortlassen, da δW ohnedies durch die Richtung hestimmt ist, nach welcher differenziert wird.

Wir haben also für die Differentiation einer Strömungsfunktion nach einer gerichteten Fläche dieselben Verhältnisse wie für die Differentiation einer Lagenfunktion nach einem Vektor.

Wenn wir die Strömung durch irgend eine bestimmte Fläche f betrachten, so gibt uns $\delta W/\partial f$ die Strömung pro Flächeneinheit für einen bestimmten Punkt dieser Fläche. $\delta W/\partial f$ bestimmt daher das Gesetz der Änderung der Strömung längs der betrachteten Fläche. Es ist also gewissermaßen die Strömungsgeschwindigkeit. Deren größter Wert ist in jedem Punkte gegeben durch $\delta W/d f_t$. Durch die Flächen f_t findet daher die größte Änderung der Strömung oder das stärkste Durchströmen statt. Längs den Flächen senkrecht zu f_t erfolgt kein Durchströmen. Für diese ist $\delta W/\partial f = 0$, daher

$$\int\limits_0 \frac{\partial W}{\partial r}\, dr = \iint \frac{\delta W}{\partial f}\, df = 0\,.$$

$\delta W/d\mathfrak{f}_t$ können wir wieder als totalen, und seine Komponenten $\delta W/\partial \mathfrak{f}$ als partielle Differentialquotienten bezeichnen. Wenn wir den totalen Differentialquotienten durch seine Komponenten nach drei zueinander senkrechten Richtungen $\mathfrak{i}\,\mathfrak{j}\,\mathfrak{k}$ ausdrücken, erhalten wir:

$$\frac{\delta W}{d\mathfrak{f}_t} = \frac{\delta W}{\partial f_x}\,\mathfrak{i} + \frac{\delta W}{\partial f_y}\,\mathfrak{j} + \frac{\delta W}{\partial f_z}\,\mathfrak{k} \tag{123}$$

und da

$$\mathfrak{f}_1 = \frac{df_x}{df}\,\mathfrak{i} + \frac{df_y}{df}\,\mathfrak{j} + \frac{df_z}{df}\,\mathfrak{k}\,,$$

so folgt aus (122)

$$\frac{\delta W}{\partial f} = \frac{\delta W}{\partial f_x}\frac{df_x}{df} + \frac{\delta W}{\partial f_y}\frac{df_y}{df} + \frac{\delta W}{\partial f_z}\frac{df_z}{df}\,, \tag{124}$$

da ferner

$$\frac{d \times \mathfrak{v}}{d\mathfrak{r}} = \frac{d \times d\,W}{d\mathfrak{r}^2} = \frac{\delta W}{d\mathfrak{f}} = \mathfrak{w}\,,$$ [1])

[1]) Wir können auch sagen: durch Differentiation von W als Lagenfunktion erhalten wir das Vektorfeld $\mathfrak{v}$, und durch Variation von W als Strömungsfunktion das Vektorfeld $d \times \mathfrak{v}/d\mathfrak{r}$, dessen Niveauflächen gleichzeitig jene Flächen sind, welche am stärksten durchströmt werden.

so ist

$$w_x = \frac{\partial W}{\partial f_x} = \left(\frac{\partial^2 W}{\partial z \partial y} - \frac{\partial^2 W}{\partial y \partial z}\right)$$

u. s. w.

Dieselben Betrachtungen können wir auch mit Hilfe von (116), S. 77, für Vektoren anstellen.

Die Maxwellschen Gleichungen, S. 70, können wir nun, da

$$\frac{d \times \mathfrak{H}}{d \mathfrak{r}} = \frac{\delta W_m}{d \mathfrak{f}},$$

$$\frac{d \times \mathfrak{F}}{d \mathfrak{r}} = \frac{\delta W_e}{d \mathfrak{f}},$$

auch so schreiben:

$$-\frac{\delta W_m}{d \mathfrak{f}} = \varepsilon \frac{\partial \mathfrak{F}}{\partial t} + 4 \pi \mathfrak{C},$$

$$\frac{\delta W_e}{d \mathfrak{f}} = \mu \frac{\partial \mathfrak{H}}{\partial t},$$

oder

$$-\frac{\delta W_m}{d \mathfrak{f}} = \varepsilon \frac{\partial}{\partial t}\left(\frac{d W_e}{d \mathfrak{r}}\right) + 4 \pi \mathfrak{C},$$

$$\frac{\delta W_e}{d \mathfrak{f}} = \mu \frac{\partial}{\partial t}\left(\frac{d W_m}{d \mathfrak{r}}\right).$$

CPSIA information can be obtained at www.ICGtesting.com
Printed in the USA
LVOW051429210512

282636LV00004B/123/P